KB246003

셜리 박사의
강아지 화장실 훈련법

HOW TO HOUSEBREAK YOUR DOG IN 7DAYS

Copyright©1985 by Shirlee Kalstone

All rights reserved.

This Korean edition was published by BONUS Publishing Co. in 2017
by arrangement with Shirlee Kalstone c/o Raines & Raines Authors' Representatives
through KCC(Korea Copyright Center Inc.), Seoul.

이 책의 한국어판 저작권은 한국저작권센터(KCC)를 통한 저작권자와의 독점 계약으로
보누스출판사에 있습니다. 저작권법에 의해 보호를 받는 저작물이므로 무단전재와 무단복제를
금합니다.

셜리 박사의
강아지 화장실 훈련법

애견의
심리를 이용한
7일 완성
프로그램

셜리 칼스톤 지음

보누스

개들이 버림받는
가장 큰 이유

개를 키우는 일은 인생에서 맛볼 수 있는 커다란 기쁨 중 하나이다. 그러나 이는 오랜 헌신이 필요한 일이다. 건강한 개는 보통 수명이 15년 이상이기 때문이다. 특히 훈련이 잘되어 불편함을 주지 않는 개와 함께라면 삶이 더욱 즐거워질 것이다.

훈련은 단순히 다른 사람들의 편의를 위해 하는 것이 아니다. 아무리 개를 사랑하는 사람이라도, 카펫이나 바닥을 온통 '난장판'으로 어지럽히거나 말을 듣지 않는다면 함께 살기 힘들 것이다. 개는 길들여야 한다. "모든 개는 훈련시킬 수 있다."라는 규칙에는 예외가 없다.

나는 아주 어린 시절부터 개와 함께 지내왔다. 어머니는 코커스패니얼Coker Spaniel 애호가였고, 덕분에 나는 윤이 나는 새까만 암갈색의 무척이나 매혹적인 네발 동물들에게 둘러싸여 자라났다. 개들은 내 놀이 친구였다. 내가 직접 처음으로 기른 개는 이름이 버지였는데, 우리는 같은 장난감을 가지고 놀며 같은 침대에서 함께 자곤 했다. 그러니 직업을 선택하게 되었을 때 (좀 과장해서 이야기하자면) 내 인생을 개에게 맡기겠다고 결심한 것이 당연하지 않을까?

나는 30년간 푸들Poodles, 위피트Whippets, 잉글리시 세터English Setters, 바이마라너Weimaraners, 코커Cockers, 버마 고양이의 브리더이자 출품자였고 훈련사, 미용사, 동물 운동가인 동시에 개와 고양이를 전문으로 다루는 교수, 저술가로서 미국, 유럽, 일본의 반려동물 종사자들과 교분을 쌓아왔다. 따라서 개의 문제 행동을 거의 모두 접해왔다.

내가 이 책을 쓴 것은 개를 키우는 사람들에게 화장실 훈련의 부담을 조금이라도 덜어주기 위해서다. 오래전 나는 강아지를 훈련시키다가, 단순한 공식만 잘 따른다면 짧은 시간 안에 개를 완벽하게 훈련시킬 수 있다는 사실을 깨달았다.

단순한 공식이란 바로 규칙적이고 영양가 있는 식사를 제공해주고, 외출과 실내외 배설 계획을 엄격하게 실천하며, 안심하고 자유롭게 집 안에 풀어주어도 될 만큼 훈련이 될 때까지는 밤낮 중 일정한 시간 동안 일정한 장소에 가두고, 언제나 아낌없이 칭찬을 해주는 것이다. 기본적인 것들이라 가볍게 생각할지 모르지만 동물보호소에서 일할 때 나는 개들이 버림받는 이유 중 많은 것이 다름 아닌 미숙한 화장실 훈련 때문이라는 것을 발견했다.

모든 종류의 훈련은 기본적으로 주인과 개 사이의 의사소통에 달려 있다. 화장실 훈련의 실패는 대개 주인에게 잘못이 있다. 동물애호가이자 베스트셀러 작가 바바라 우드하우스는 "머리 나쁜 개는 없으며 단지 미숙한 주인이 있을 뿐"이라고 말했고, 나 역시 그 말에 동감한다. 며칠 정도의 오차는 있겠지만 일주일 안에 건강한 개를 길들일 수 없다면, 그것은 아마도 주인의 무지 또는 뒤로 미루는 습관 때문이거나 일관성이 없기 때문이다.

주인이 화장실 훈련을 하려는 의지가 없거나 단 7일 동안의 단순한 프로그램을 진행하지 못할 만큼 게으르다면, 제대로 훈련을 받지 못한 개는 나쁜 버릇이 생기게 되어 거의 고칠 수 없게 된다. 주인은 낭패감을 느낄 때마다 벌을 주어 개에게 물리적으로나 감정적으로 상처를 입히게 된다.

개가 난장판을 만들었을 때 그 자리에 코를 대고 세게 문지르거나, 소리 지르며 때리는 등 가혹하게 처벌하는 것은 화장실 훈련에 아무런 도움이 되지 않으며 개를 기죽게 만드는 데 일조할 뿐이다. 오늘날 훈련사들은 긍정 강화, 즉 바람직한 행동을 칭찬하면 더 많은 성과를 거둘 수 있다는 것을 잘 알기 때문에 물리적인 힘에 의존하지 않는다.

화장실 훈련 성공의 핵심 비결은 개가 가족의 일원이 된 그날부터 훈련을 시작하는 데 있다. 집 밖의 정원이나 거리의 구석, 신문지나 주인이 정한 장소에 배설하도록 길들이는 것은 당신의 책임이다. '개'가 정한 곳이 아니라 '주인'인 당신이 정한 곳이 배설 장소가 되어야 한다.

화장실 훈련을 시작하기 전에 반드시 이 책을 처음부터 끝까지 정독하기 바란다. 이 책은 적당히 '충고하는' 것이 아니라 구체적인 훈련 방법을 제시하고 있다. 책을 주의 깊게 읽은 뒤 간단한 공식을 따르고, 상식을 이용해 불의의 사고를 미연에 방지하며, 인내심을 가지고 개의 긍정적 행동을 칭찬해준다면, 곧 당신의 개는 완벽하게 훈련되어 함께 살면서 큰 기쁨을 줄 것이다. 아주 간단한 방법이다. 속임수 같은 것도 없다. 엄격하지만 가혹하지 않은 훈련 방식이다.

당신이 원하는 것이 무엇인가를 보여주기만 하면, 당신의 개는 주인을 만족시키기 위해 어떤 일이라도 기꺼이 열성적으로 할 것이다. 훈련 방식을 배우고 훈련의 핵심 개념을 이해하면 7일 안에 완벽하게 개를 훈련시킬 수 있다. 깔끔한 습관을 지닌 개와 살면서 몇 년이고 만족감을 느낄 수 있다면, 그깟 7일쯤은 희생할 가치가 있지 않을까?

여기 제시한 개 화장실 훈련 프로그램은 나 자신과 고객들에게 모두 성공적이었다. 당신도 조금만 결단력을 지닌다면 역시 만족할 만한 결과를 얻을 수 있을 것이다. 즐거운 마음으로 훈련을 시작해보자.

셜리 칼스톤

차례

심리학을 이용한 화장실 훈련

행동 본능에
기반을 둔 훈련

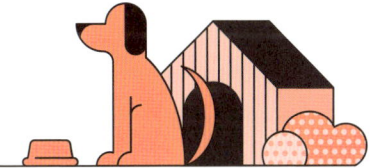

화장실 훈련 7일 프로그램은 부분적으로 개 고유의 행동 본능에 기반에 두고 있다. 개는 지배-복종 관계에 순응하는 사회적 동물이다. 혼자보다는 집단으로 '무리지어' 살기를 좋아하며, 무리 구성원들 사이에는 유대감이 형성되고 이러한 결속이 집단을 유지한다. 그러나 단순한 유대감만으로는 집단의 질서를 유지할 수 없다. 우두머리와 명령 계통이 필요한 법이다.

개 집단은 위계질서, 또는 하향식 '서열' 관계로 이루어져 있다. 각 무리마다 항상 우두머리 개가 존재한다. 우두머리는 무리를 지배하고 체계를 세우며 나머지 개들을 체벌하고 집단의 질서를 유지한다. 한 집단의 우두머리가 다른 구성원에게 도전을 받는 경우는 거의 없다.

우두머리 바로 다음 서열에 있는 개는 명령 계통에서도 제2인자다. 2인자는 우두머리의 명령만 받으며, 서열상 자기 밑에 있는 모든 구성원들을 지배한다. 무리에 속한 개는 모두 각자의 서열상 위치를 지니게 되는데, 일단 서열이 정해지면 개들은 각각 자기보다 높은 구성원과 낮은 구성원이 누구이며 자신의 역할이 무엇인지 정확하게 이해하게 된다.

야생 상태에서 무리의 우두머리는 모든 활동을 통해 다른 구성원들에게 자신이 제1인자임을 명백하게 표현한다. 놀이에서 주도권을 쥐고, 무리 중에서 가장 먼저 짝짓기를 하며, 사냥한 후에 제일 먼저 먹이를 먹는다. 다른 개들은 우두머리가 배를 채우고 나서야 서열에 따라 돌아가며 자신의 몫을 챙길 수 있다. 우두머리는 어떤 대가를 치러서라도 거주 구역, 먹이, 짝 등의 소유물을 지켜낼 것이다.

물론 시간이 흐르면 이러한 명령 계통은 변하게 된다. 젊은 개들은 항상 다른 개들의 약점을 찾아내려 신경을 곤두

세우고, 자신보다 위에 있는 나이 많은 개에게 도전해 승리를 거두면 더 높은 자리를 차지할 수도 있다. 이렇게 우위에 있던 개가 늙고 약해지면 더 젊고 힘이 센 개가 1인자의 자리에 오르게 된다. 야생 상태건 인간에게 길들여진 상태건, 개들은 항상 이러한 무리 습성을 지니고 있다.

이와 똑같은 무리 행동 패턴이 인간과 개의 관계를 지배한다. 개가 새로운 가정의 일원이 되었을 때 이 '무리'라는 말을 '가족'이라는 말로 바꾸기만 하면 된다. 개의 입장에서 볼 때, 가족의 모든 구성원은 가족 '무리'의 일원이다. 따라서 개를 제대로 훈련시켜 믿음직한 애견으로 만들기 위해서는, 가족의 위계질서 안에서 개가 어떠한 위치에 있는가를 즉시 가르쳐주는 것이 중요하다.

지배-복종 관계는 모든 종류의 개 훈련, 특히 화장실 훈련에서 필수적이다. 강아지나 어른 개를 입양하면 반드시 가족 중 누군가는 개가 종속된 무리의 우두머리 역할을 맡아야 한다. 규칙을 정하고 이를 적절히 이용하는 것이다. 단호하면서도 애정 어린 태도를 유지해야 하며, 한번 우두머리 역할을 맡으면 항상 그 역할을 수행해야 한다. 가족 구성원 중에 통제를 하는 사람이 없다면 개는 자신이 지배권을 쥐고 있다고 생각하게 되어 결국 버릇이 없어지고 말 것이다. 그러면 개에게 화장실 훈련을 시키는 일은 (불가능하지는 않더라도) 점점 더 어려워진다.

새 가정에서 자신의 서열을 정할 때까지, 개는 당신과 가족 구성원 모두를 시험할 것이다. 그런 끊임없는 시험을 통해 개가 자신에게 허용된 범위를 결정짓는다는 사실을 이해하지 못한다면, 당신의 개는 문제 행동을 보이게 된다. 훈련되지 않은 개는 자라면 자랄수록 심각한 문제를 일으킬 뿐이다.

화장실 훈련의
성공 비결

앞에서 개는 우두머리를 따르는 강한 습성을 지닌 무리 동물이기 때문에 훈련시키기가 쉽다는 점을 살펴보았다. 화장실 훈련을 신속하게 성공시키는 비결 중 하나는 개가 본능적인 '주거 동물'이기도 하다는 점을 이해하는 것이다.

야생 상태에서 개는 먹이를 사냥하고, 짝짓기를 하며, 동료 무리들과 어울려 다니고, 원할 때 배설한다. 이 모든 것이 거주지 밖에서 이루어진다. 그러나 개는 항상 다시 '거주지'로 돌아온다. 편안하고 안정감을 느낄 수 있는 아늑하고 안전한 보금자리로 돌아와 잠을 자는 것이다. 주거 동물은 결코 자신의 보금자리를 더럽히지 않는데, 이것이 바로 개의 화장실 훈련이 쉬울 수밖에 없는 이유이다.

개는 태어날 때부터 깨끗하기 때문에, 보통의 건강한 강아지나 어른 개를 특정한 장소에서 배설하도록 가르치는 일은 생각보다 훨씬 쉽다. 생후 처음 3주 동안, 강아지의 반사 작용과 행동 반응은 전적으로 어미에게로 향한다. 강아지는 생후 14일이 될 때까지 눈도 뜨지 못하고 듣지도 못하지만, 기어 다니거나 젖을 빨 수는 있다.

어미는 강아지에게 젖을 먹이고 보금자리에서 따뜻하게 감싸주며, 깨끗하게 씻기고 배설 작용을 조절해준다. 어미는 젖을 먹인 후에 강아지의 생식기와 항문을 핥아 배설을 유도한다. 강아지는 어미와 최초의 사회적 유대관계를 맺으며, 사람의 아기와 마찬가지로 어미의 애정과 관심에 반응한다.

생후 4~5주가 지나 감각 및 운동 능력을 획득하면 강아지는 어미의 집중적인 보살핌에서 벗어나 아장아장 걸어 다닐 수 있을 만큼 독립적이 된다. 이때 형제자매 사이의 사회적 유대관계가 발달하기 시작한다. 강아지는 호기심이 강해지며 활발하게 주위를 탐색하면서 장난을 치고, 다른 강아지를 제압하기 위해 서로 물고 싸우게 된다. 이런 식으로 강아지는 한배형제들과 힘의 우월관계를 파악하게 되며, 지배와 복종 관계를 결정하는 첫걸음을 내딛는다.

이제 강아지는 어미의 자극 없이도 스스로 배설할 수 있고 이 시점부터 보금자리에서 떨어진 특정 장소로 가서 배설하기 시작한다. 강아지가 위생에 까다로워지는 시기는 생후 5주쯤으로, 잠자리가 아닌 곳에 용변을 본다. 강아지의 이런 자연적 본능을 이용한다면, 수주 내지 수개월이 아니라 단 며칠 만에 화장실 훈련을 완성할 수 있다.

당신은 개의 자연적 배설 본능에도 익숙해져야 한다. 개는 사람처럼 잠에서 막 깨어났을 때 볼일을 보고 싶어 한다. 그렇지만 대부분의 개는 먹이를 먹은 후 20~30분 정도 대장 운동을 하는 경향이 있다. 이러한 기본 주기를 이해한다면, 개를 언제쯤 밖으로 내보내거나 화장실에 데려다주어야 할지 어렵지 않게 결정할 수 있을 것이다.

화장실 훈련을
시작하는 시기

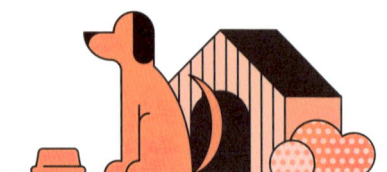

동물 행동주의 학자들은 개 훈련의 기초를 이루는 것은 동물과 사람 사이에 형성된 애착, 또는 존중 관계라고 결론을 내렸다. 학자들은 초기에 강한 사회적 유대 관계가 형성되면 개가 주인을 기쁘게 하기 위해 더욱 열성적이 되고 훈련 기간에 말을 잘 듣기 때문에, 생후 6~8주 사이의 강아지 때 유대감을 가장 잘 형성할 수 있다고 말한다.

학자들은 대부분 생후 7~8주 사이의 강아지를 어미와 한 배형제들에게서 떼어내 새 가정으로 입양시켜서 개를 사랑하는 사람들과 더불어 살기를 권하고 있다. 강아지는 이 시기에 가족의 일원이 되고 싶어 하는 경향이 가장 강하다. 믿을 만한 브리더에게서 강아지를 얻었다면, 강아지는 세심한 사회화 과정을 거쳤을 것이다. 어미나 형제자매들과 사회화 기간을 경험했고, 또한 사람들이 손으로 쓰다듬거나 껴안는 등 충분히 보살핌을 받았기 때문에, 새 주인의 생활 방식에 쉽게 동화될 수 있도록 순응이 된 상태인 것이다.

강아지의 유년기는 사람의 아기에 비해 매우 짧아서 생후 3~4개월 된 강아지는 3~4세의 아이와 거의 같다고 볼 수 있다. 보통 아이는 3~4세가 되면 화장실을 사용할 수 있게 된다. 따라서 강아지 역시 생후 4개월까지는 화장실 훈련을 끝마쳐야 한다.

어린 강아지의 경우

강아지는 생후 14주까지는 괄약근을 마음대로 조절할 수 없기 때문에 화장실 훈련에 대해 기대할 수 없다. 아주 어린 강아지는 방광과 내장 운동을 오랫동안 억제할 수 없어 배설 충동과 배설 행위 사이의 간격이 매우 짧다.

배설 욕구를 느낀 강아지가 배설 장소를 찾기 위해 코를 킁킁거리거나 제자리를 맴도는 등 특정한 행동을 하는 것을 재빨리 눈치 채지 못하면 곧 바닥이 더러워질 것이다. 이 단계의 강아지는 모든 것을 경험을 통해 배우기 때문에 불의의 사고를 예방하는 것이 주인의 주된 임무이다.

그러나 강아지에게서 눈을 떼지 않고 하루 종일 지켜볼 수 없는 노릇이므로, 바닥 청소가 쉬운 부엌 같은 장소에 신문지를 깔아놓은 다음 강아지를 그곳에 가두는 방법을 활용할 수도 있다. 판지로 공간 한쪽을 막아놓고 그 안에서만 움직일 수 있도록 하라. 절대로 부엌 전체를 돌아다니도록 내버려두어서는 안 된다.

제한 구역은 강아지의 크기에 따라 다르겠지만 넓이가 1.5제곱미터를 넘지 않는 것이 좋다. 한쪽 구석에 강아지가 앉거나 누울 수 있고 주변에서 벌어지는 상황을 지켜볼 수 있는 편안한 잠자리를 마련해준다. 강아지가 다른 곳에 배설하지 못하도록 활동 영역에 종이를 갈아놓는 것을 잊지 말아야 한다.

그런 다음 그곳에서 어떻게 해야 하는지 강아지에게 즉시 알려주라. 실외 화장실 훈련과 실내 화장실 훈련은 두 가지가 별개의 습관이다.(28쪽 참조) 최종 목표가 실내 화장실 훈련일 경우 강아지가 종이에다 배설할 때마다 세상에서 가장 훌륭하며 영리한 개라고 칭찬해준다. 생후 14주가 되면 강아지는 실내 화장실 훈련을 거의 끝마칠 수 있을 것이다.

만일 집 밖에서 배설하게 하고 싶다면 종이를 사용할 때 일부러 칭찬을 하지 말라. 얼마 지나지 않아 실외로 데리고 나갈 것이므로 배설 장소에 대해 혼란을 주어서는 안 된다. 충분히 면역이 된 후에는 근육 조절 능력이 향상되고 실질적인 실외 화장실 훈련 준비가 될 때까지 부정기적으로 강아지를 바깥에 데리고 나가기 시작한다.

강아지의 청결함을 유지하고 종이를 자주 갈아주도록 하라. 강아지는 생후 8~10주 사이에 두려움이 깊이 인식되는 단계를 거치기 때문에 너무 엄격한 태도를 보이면 안 된다. 가혹한 처벌은 피하고, 벌을 주더라도 부드럽고 너그럽게 해야 한다. 절대로 다른 사람들이 일부러 강아지를 위협하거나 해치지 못하도록 하라. 겉으로 보기에는 대수롭지 않은 사건이라도, 강아지와 주인의 바람직한 관계 형성을 방해하고 강아지를 수개월 동안 두려움에 떨게 만들 수 있다.

이 단계에서 겪은 무서운 경험이 강아지에게 평생 영향을 미칠지도 모른다.

대부분의 사람들은 강아지가 많은 것을 학습할 수 없다고 생각하고 초기 훈련을 뒤로 미룬다. 그러나 그것은 사실과 다르다고 세계적으로 저명한 동물 행동주의 학자 마이클 폭스 Michael Fox 박사는 말한다.

"어린 강아지는 주변 환경을 탐색하면서 매일 새로운 것을 배울 수 있는, 아주 놀라운 능력을 지닌 동물이다. 생후 8~12주 사이는 세상을 탐색하고 여러 지식을 획득하려는 성향이 확립되는 아주 중요한 시기이다. 이런 초기 단계에 사람이 보살펴주지 않거나 간단한 훈련을 하지 않으면 어른 개가 되었을 때 낮은 IQ 지수를 보인다."

개의 사회화와 습성 등에 대해 더 재미있고 자세한 내용을 알고 싶다면, 이미 고전이 된 폭스 박사의《우리 개 이해하기 Understanding Your Dog》를 읽어보라.

어른 개의 경우

제대로 훈련되지 않은 사나운 개를 기르고 있거나 화장실 훈련을 받지 않은 어른 개를 키우게 되었다고 가정해보자. 이 책이 전혀 도움이 되지 않을까?

천만의 말씀. 너무 거칠거나 너무 나이가 들어 가르치기 어려운 개란 없다. 이 책에서 제시하는 화장실 교정 훈련법을 살펴보고 지금 당장 7일 프로그램을 시작하라. 버릇없는 개나 훈련받지 않은 개는 오랫동안 자기 방식대로 행동해왔기 때문에, 나쁜 버릇이 깊이 뿌리박혀 있어서 제대로 훈련을 시키는 데 시간이 조금 더 걸린다. 개의 나이가 많을수록, 본능적 배설 습관이 다시 나타나는 데는 오랜 시간이 필요하다. 하지만 조금만 노력하면 분명히 결실을 맺을 수 있다. 개가 훈련을 마치면 하루에 서너 번만 밖으로 데리고 나가면 되고, 그러면 개와 함께 살기가 훨씬 쉬워질 것이다.

실외 화장실 훈련
vs 실내 화장실 훈련

개를 집으로 데려온 날 바로 훈련을 시작하는 것이 가장 바람직하다. 새로운 환경에서 처음 보내는 며칠이 좋은 습관을 가르치는 데 가장 중요한 시기이다. 먼저 실외 화장실 훈련과 실내 화장실 훈련 가운데 어떤 것이 당신의 생활 방식에 적합한지 결정해야 한다. 일단 결정을 내리면 당신을 비롯한 모든 가족 구성원이 차근차근 그 공식을 따른다.

실외 화장실 훈련과 실내 화장실 훈련은 두 가지가 별개의 습관이며, 각각 나름대로 특수한 요건을 필요로 한다. 실외 화장실 훈련은 개가 실외에서 배설하도록 훈련하는 것을 의미하며, 실내에서는 절대로 배설하지 못하게 하는 것이다. 실내 화장실 훈련은 집 안의 특정 장소에 항상 여러 장의 종이를 비치해두고 그 위에 배설하도록 훈련하는 것이다.

실내 화장실 훈련은 실외 훈련을 위한 첫 단계가 아니다. 밖으로 나갈 수 없는 아주 어린 강아지에게는 실내 화장실 훈련이 임시방편이 될 수도 있지만, 실내 화장실 훈련은 기본적으로 항상 실내에서만 배설할 개를 위한 훈련이므로 나중에 개가 집 밖에서 배설하기를 원한다면 실내 화장실 훈련을 할 필요가 없다. 그러나 실외 화장실 훈련이나 실내 화장실 훈련은 둘 다 똑같은 기본 훈련 방법을 사용할 수 있다. 7일 프로그램은 생후 14~16주나 그 이상의 강아지에게 권한다.

화장실 훈련
7일 프로그램

규칙적인
식사 습관 들이기

규칙성과 일관성은 모든 훈련 프로그램에서 핵심적인 부분이며, 특히 화장실 훈련과 같이 중대한 문제에 있어서는 더욱 그렇다. 그러므로 첫날부터 현명한 식사 습관을 들이는 것이 7일 프로그램의 첫 번째 단계이다. 규칙적인 식사 습관은 일정한 식욕을 조장하고 개의 소화 과정을 규칙적으로 만들어 화장실 훈련의 진행을 앞당기는 데 도움이 된다. 일정하게 먹이가 들어가면 일정하게 배출된다는, 아주 기초적인 원리인 것이다.

대부분의 수의사, 훈련사, 브리더들은 시판되는 개 사료만으로도 개들이 충분한 영양을 공급받을 수 있다는 데 동의한다. 영양적으로 균형 잡힌 식사는 단백질, 탄수화물, 지방, 비타민, 미네랄 등 필수 영양소를 적절한 비율로 함유하고 있어 개의 연령별로 최적의 건강 상태를 유지할 수 있게 한다. 현재 시중에는 건성, 통조림, 반습성 등 다양한 형태의 일반형 사료와 그 외 특수용 사료가 판매되고 있어 모든 품종의 개가 먹이로 이용할 수 있다.

일반형 사료는 모든 개에게 필요한 영양 성분을 충족시키도록 만들어졌으며, 특수용 사료는 어린 강아지, 스트레스를 받고 있는 개, 임신 중이거나 수유 중인 암컷, 뚱뚱한 개, 나이 든 개, 신장이나 내장에 이상이 있는 개처럼 특수한 부류의 개에게 필요한 영양소를 제공할 수 있도록 특수 조제된 것이다.

슈퍼마켓이나 애견 용품점에서 구입할 수 있는 시판용 개 사료와 수의사가 처방한 특수 사료는 수년간 신중하게 연구한 결과로서, 가정에서 영양식을 직접 만드는 수고를 덜어준다.

개는 많이 먹고 마실수록 자주 배설한다. 따라서 개에게 정확한 양을 먹이는 것부터 시작하는 것이 중요하다. 개마다 필요한 먹이의 양은 품종, 크기, 나이, 기질, 환경, 날씨, 활동량에 따라 다르다. 대부분의 개 사료는 겉포장에 사료의 열량 함유량과 중량별 권장량이 기재되어 있는데, 이 사항을 지침으로 사용하면 된다. 포장에 적힌 권장량부터 시작하되 개가 항상 배고파 보이거나 배가 좀 불룩하게 나온다면 섭취량을 조정하라. 잘 모르겠으면 수의사와 상담하는 것이 좋다. 당신의 개에게 적합한 사료와 먹이 주기 프로그램을 권해줄 것이다.

규칙적인 식사 일정

한번 사료를 결정하면 메뉴를 계속 바꾸어 주지 않아도 된다. 개는 매일 같은 것을 먹어도 만족한다. 또 개는 매일 같은 장소에서 같은 시간에, 항상 똑같은 깨끗한 접시에 담긴 먹이를 먹고 싶어 한다. 사람에게는 지겨워 보일 수도 있지만, 개에게는 오히려 그 편이 안정감을 준다.

실천 가능한 먹이 주기 시간표를 짠다. 밥그릇을 놓아두고 최대한 방해하지 않으면서 15~20분 정도 먹이를 먹게 한 다음, 시간이 지나면 남아 있는 먹이를 치워버린다. 이것은 재빨리 먹지 않고 음식을 놓아둔 채 꾸물거리면 안 된다는 것을 개에게 가르치는 것이다. 더 나아가, 이렇게 하면 화장실 훈련을 신속하게 진행시킬 수 있다는 장점이 있다. 대부분의 개는 먹거나 마시고 나면 얼마 안 있어 배설을 하기 때문이다. 특히 어린 강아지는 식사와 배설 사이의 간격이 매우 짧다.

실외 화장실 훈련이나 실내 화장실 훈련과 더불어, 식사 시간을 규칙적으로 지키는 연습을 해야 한다. 개는 자랄수록 용변을 오래 참을 수 있고 배설 횟수도 줄어든다. 훈련 기간에 개가 자유롭게 먹이를 먹을 수 있게 해서는 안 된다. 그러면 개는 끊임없이 배설하게 된다.

바람직한 식사 습관이 잡힐 때까지는 간식이나 먹다 남은 요리, 또는 집에서 만든 음식 등을 주지 말라. 먹을 것을 자주 바꿔주면 식성이 까다로워지고, 위장 장애와 설사를 일으켜 훈련을 지연시킨다. 다음과 같은 먹이 주기 프로그램을 권한다.

먹이 주기 프로그램

개의 나이	제공 횟수	제공 시간
젖먹이 ~ 생후 3개월	4	아침, 정오, 늦은 오후, 저녁*
3 ~ 6개월	3	아침, 오후, 저녁*
6 ~ 12개월	2	아침, 늦은 오후 또는 이른 저녁
1년 이상	1	아침, 대형 품종은 하루 2번 식사가 필요할 수 있으므로 늦은 오후나 이른 저녁에 한 번 더 먹인다.

* 저녁에는 잠자리에 들기 최소한 1시간 전에 사료와 물을 제공하여, 강아지가 자기 전에 먹은 것을 소화시키고 배설할 수 있도록 한다.

물 주는 법

물은 개의 식단에서 중요한 요소이다. 물은 온몸으로 영양분을 전달하는 수단이며, 거의 모든 신체 작용은 물론 소화와 연계된다. 또한 정상적인 체온을 유지하고 몸 밖으로 노폐물을 배출하는 데 결정적인 역할을 한다.

화장실 훈련 7일 프로그램을 시행하는 동안, 주인이 정한 계획에 맞추어 특정한 시간에만 물을 마실 수 있게 해준다.(프로그램은 88쪽부터 제시된다.) 원하는 만큼 물을 마시게 하되, 10분 후에는 그릇을 치워야 한다. 마실 물을 제한하는 것은 훈련 기간 동안만이다. 화장실 훈련이 완료되면 개에게 신선한 물을 무제한 제공해도 좋다. 사료와 마찬가지로 개마다 필요한 물의 양은 나이, 활동량, 기후와 습도, 먹는 사료의 종류에 따라 다르다.

화장실 훈련을 끝마칠 때까지 다음 사항을 준수하라.

◆ 규칙적인 식사 일정을 지킨다.
◆ 개의 식단을 일정하게 유지한다.
◆ 먹이와 물그릇을 15~20분 동안 놔둔 후, 다음 식사 때까지 치워둔다.
◆ 간식이나 남은 음식을 주지 않는다.

칼럼

불규칙적으로 식사하는 개

편식을 하거나 식욕이 고르지 않은 개들이 있습니다. 건강상 특별한 문제가 없는데도 음식에 흥미를 보이지 않으면 자꾸 신경이 쓰입니다. 물론 평소 밥을 남김없이 먹어 치우던 개가 갑자기 음식을 거부할 경우라면 병에 걸렸을 가능성이 높으므로 최대한 빨리 진료를 받아야 합니다. 식욕이 고르지 못할 뿐만 아니라 야위었거나 기운이 없어 보이는 등 컨디션이 좋지 않을 때도 주의를 기울여야 합니다. 하지만 단순한 편식이라면 건강할 때 습관을 고쳐줘야 합니다.

건강에 이상이 없는데도 불규칙적으로 식사하는 이유는 크게 두 가지 유형으로 나눌 수 있습니다. 첫 번째, 원래부터 소식하는 경우입니다. 개마다 하루에 소비하는 에너지가 다른데, 힘을 아끼는 유형의 개는 대체로 과식한 다음 날은 먹지 않습니다. 몸 상태를 고려해서 스스로 조절하는 것입니다. 그러므로 이런 개에게 억지로 먹일 필요는 없습니다.

두 번째는 먹지 않는 듯해도 사실은 먹고 있는 유형입니다. 밥을 전혀 먹지 않아서 고민이라는 주인에게 평소 생활 습관을 물어보면 사실은 식사 중간에 간식을 주는 경우가 허다합니다. 떼를 쓰면 좋아하는 음식을 주니까 개의 입맛이 간식에 길들여지는 것입니다.

힘을 아끼면서 스스로 식사량을 조절하는 개라면 크게 신경 쓰지 않아도 됩니다. 하지만 안 먹는 듯해도 실제로는 먹고 있는 경우라면 굳이 애태우지 않아도 됩니다. 마음을 단단히 먹고 먹을 때까지 기다리면 됩니다. 다른 가족들에게도 간식을 주지 않도록 당부하고, 개가 애교를 떨거나 떼를 써도 절대 지면 안 됩니다.

'거주지'를 이용한 화장실 훈련

실외 화장실 훈련 또는 실내 화장실 훈련에서 중요한 원칙 중의 하나는 개의 거주 본능에 기초를 두는 것이다. 앞에서 개가 자신의 거주지를 깨끗하게 유지하는 것을 좋아한다는 사실은 이미 언급했다. 또 개는 보금자리를 더럽히고 싶어 하지 않기 때문에 개에게 신체 기능을 조절하는 법을 가르칠 때 최선의 방법은 '거주지'를 만들어 그 안에 가두는 것이다. 어쩌면 부정적인 느낌을 받을지도 모르지만, 제대로 하기만 하면 실제로 감금은 전혀 잔인한 일이 아니다.

개가 화장실 훈련을 완전히 마칠 때까지는 절대로 집 안을 자유롭게 돌아다니도록 허용해서는 안 된다. 만약 그랬다가는 하루 24시간 내내 개를 따라다니며 걸레질을 해야 할 것이다. 개에게 가혹하지 않으면서 사람이 지킬 수 있는 시간표를 정해 정확히 따르도록 한다. 88쪽부터 제시되는 프로그램을 참고하면 될 것이다.

개는 실내 화장실 또는 집 밖으로 용변을 보러 가거나 자유 시간을 가질 수 있을 때까지 안락한 '거주지'에 머무는 법을 익혀야 한다. 주인이 그렇게 하기를 원한다는 사실을 알게 되면, 당신의 개는 빠르게 습관을 들이게 될 것이다.

실외 화장실 훈련 또는 실내 화장실 훈련이 점점 진행되고, 개가 정해진 장소에서 정해진 시간에 배설을 할 수 있게 되면, 점차 갇혀 있는 시간이 줄어들고 점점 더 오랜 시간을 자유롭게 보낼 수 있다.

개를 평생 가둬두는 것은 아니다. 믿음직한 행동을 통해 신뢰를 쌓은 다음에야 비로소 집 안을 자유롭게 돌아다닐 수 있게 되는 것이다.

개 우리로 '거주지' 만들어주기

실외 화장실 훈련이나 실내 화장실 훈련을 시작하기 전에, 문이 달린 철제 개 우리crate를 구입하거나 만들도록 한다. 우리에 개를 가두는 것은 잔인한 일이 아니다. 오히려 많은 전문 훈련사, 브리더, 전람회 출품자, 전시회 출품자, 미용사, 수의사들의 지지를 받으며 이용되고 있는 자비로운 관행이다.

"나는 내 개를 그런 우리에 가두지 않겠어. 그건 너무 잔인해."라는 말을 듣게 되면, 그런 말을 하는 무지한 친구에게 사람의 아기 역시 격자 울타리가 둘러쳐진 높은 요람에서 많은 시간을 보내며, 아무도 그것 때문에 아기 엄마를 비난하지 않는다는 점을 상기시켜주라.

'집' 안의 또 다른 '집'인 개 우리는 개에게 줄 수 있는 가장 유용한 품목 중 하나이다. 그곳은 개의 거주지이자 항상 안전을 느낄 수 있는 전용 공간이며, 동시에 개가 절대로 더럽히고 싶어 하지 않는 장소이다. 또 개 우리는 밤에, 혹은 잠시 외출할 경우 개를 통제할 수 있는 아주 훌륭한 수단이다.

주인이 자고 있는 동안이나 개 혼자 집에 있을 때, 당신의 개가 카펫을 더럽히거나 가구를 물어뜯지 않을 거라고 확신

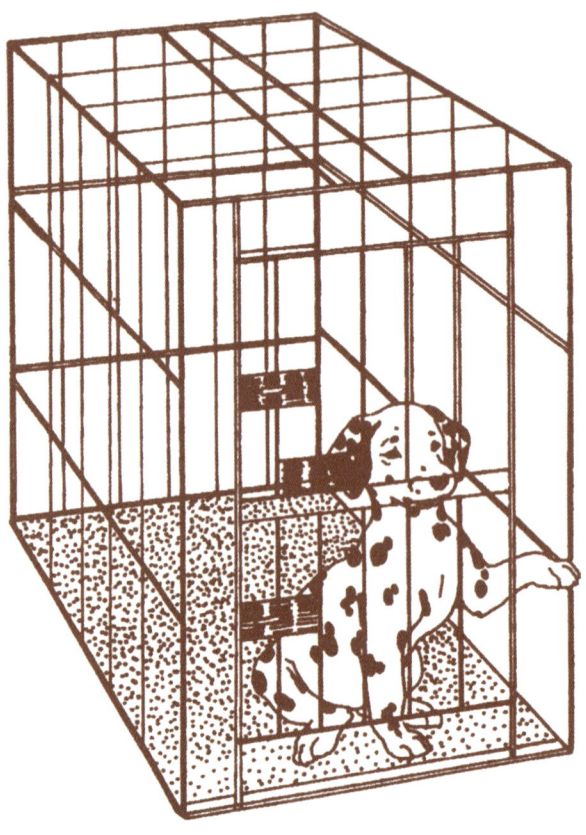

한다면 안심할 수 있을 것이다. 그러나 개 우리를 잘못 사용하여 개에게 '감옥'이 되지 않도록 하는 것이 무엇보다 중요하다. 개는 사람과의 접촉 없이 계속 갇혀 있게 되면 의기소침해진다.

화장실 훈련 목적 외에, 개 우리는 자동차 여행에도 편리하다. 가족끼리 여행을 갈 때 개를 혼자 집에 남겨두거나 위탁소에 맡기는 대신 함께 데리고 갈 수 있기 때문이다. 개는 케널 안에 있으면 움직이는 자동차 안에서 오히려 안정감을 느낄 수 있다. 자동차 밖으로 뛰쳐나가 다치거나 길을 잃어버릴 염려가 없고 갑작스레 움직이거나 급정거를 하는 경우에도 안전하다.

사람에게 귀찮게 굴지 못하게 하고, 무엇보다 브레이크와 운전자의 발 사이에 끼여서 사고를 일으킬 염려가 없다. 남편과 나는 여행을 아주 많이 다니는데 보통은 푸들을 데리고 다닌다. 녀석은 개 우리가 없으면 호텔방에서 불빛이 번쩍하기만 해도 겁을 먹는다. 케널이 있으면 안전망 구실을 하기 때문에 생소한 환경에도 쉽게 적응할 수 있다.

개 우리는 나무, 금속, 또는 고밀도 폴리프로필렌으로도 만들어지지만, 실외 화장실 훈련에 최적인 것은 역시 중규격

크롬 도금 철제망으로 제작된 우리이다. 우선 통기가 잘 되는 데다 개가 주변 상황을 빠짐없이 지켜볼 수 있기 때문이다. 대부분의 철망 우리는 접이식이어서 이동이 편리하므로 개는 갇혀 있는 상태에서도 어디로 이동하는지 알 수 있다.

개를 우리에 가두는 것은 격리가 아니다. 개 우리는 부엌이나 작업실 등 가족이 모두 모이는 장소나 그와 가까운 곳에 두는 것이 적절하며, 사실상 바람직하다. 강아지는 사람과의 접촉이 필요하고, 거부당하면 외로워하며 풀이 죽는다.

개 우리는 크기도 적절해야 한다. 강아지나 다 자란 개가 우리 안에서 일어섰을 때 천장에 머리가 닿지 않아야 하고 그 안을 맴돌거나 누웠을 때 편안함을 느껴야 하며, 다리를 뻗을 때 비좁지 않은 정도가 적당하다. 너무 작은 우리에 개를 가둔다는 것은 몰상식한 일이다. 반면 개가 한쪽 구석에 배설을 하고 다른 한쪽에서 잠을 잘 수 있을 만큼 넓어서도 안 된다. 그러면 개가 배설물을 밟고 다녀서 결국 지저분해진 개와 우리를 함께 청소해야 할 것이다.

개 우리는 대부분의 애견 용품점에서 살 수 있고, 애견용품 카탈로그를 통해서도 주문할 수 있다. 가격은 품질과 크기에 따라 다른데, 일반적으로 몸집이 작은 품종에 적당한

가로 61cm, 세로 43cm, 높이 52cm 크기의 우리가 30,000원, 큰 품종을 위한 가로 89cm, 세로 61cm, 높이 72cm 우리가 80,000원 정도이다. 각자 형편에 맞는 튼튼하고 조립 상태가 양호한 우리를 구입하라.(손재주가 있는 사람은 직접 제작해도 좋다.) 개가 더럽힌 카펫을 교체하는 데 드는 비용을 고려한다면, 아무리 비싼 우리라도 그만한 가치가 있다.

금속제의 경우, 상등품과 하등품 사이의 차이점 중 하나는 철제 바의 강도이다. 제멋대로 날뛰는 강아지는 잘못하다 창살 사이에 머리가 낄 수 있다. 개가 발로 문을 열 수 없도록 걸쇠가 튼튼한지 잘 살펴보라. 기르는 강아지가 다 자라면 몸집이 커지는 품종이어서 최대한 돈을 아끼고 싶다면 어른 개가 되었을 때도 알맞은 큰 우리를 구입해서, 현재 남아도는 공간은 합판으로 칸막이를 만들어 임시로 막아놓으면 된다.

대부분의 철망 우리는 청소와 살균이 쉬운 이동식 아연도금판이 깔려 있다. 강아지를 금속판 위에서 재우고 싶지 않다면 전에 쓰던 목욕용 매트나 수건을 깔아도 좋다. 단, 강아지가 이빨로 물어뜯거나 그 위에 배설하도록 유도할 소지가 있으면 안 된다. 실외 화장실 훈련이 아닌 실내 화장실 훈련을 하는 중이라면 절대로 우리에 신문지를 깔아주지 말라. 강아지가 좋아하는 장난감이나 씹을 거리를 넣어주면 그 안에서 심심해하지는 않을 것이다.

7일 프로그램을 시작하기 전에 강아지가 우리에 익숙해지도록 하라. 낮에 강아지를 잠시 우리에 가두어두고 가까이에서 지켜보면서, 우리에 갇힌다고 큰일 날 일이 아니라는 점을 깨닫게 하라. 이때 언제든지 우리에 손을 뻗어 강아지를 꺼낼 수 있어야 한다.

강아지가 우리에서 보내는 첫날 밤은 다소 힘들 것이다. 외로워하며 자신을 봐달라고 낑낑거릴 수도 있다. 그러면 상냥한 말로 강아지를 안정시키되 꺼내주지는 말라. 애처롭게 우는 소리에 굴복한다면, 강아지는 울기만 하면 금세 관심을 끌 수 있고 우리에서 나갈 수도 있다는 점을 알아차리고 매일 밤 끙끙댈 것이다. 그냥 무시하라. 조그맣고 불쌍한 얼굴로 구슬프게 흐느끼는 소리를 듣는 것이 무척이나 괴롭겠지만, 강아지는 자제력을 배워야 한다. 7일 동안만 마음을 좀 단단히 먹으면 장기적으로 당신과 강아지 모두에게 유익한 일이 된다.

시간이 조금 지나면 강아지는 보금자리를 깨끗하게 유지

하고 자는 곳에 배설을 하지 않을 것이다. 첫날 밤이나 처음 며칠간은 실수할지도 모르지만 곧 자신을 조절하는 법을 배운다. 그런 다음 아침 일찍 강아지를 우리에서 꺼내주어 밖에다 배설할 수 있도록 배려해준다. 강아지가 우리를 더럽혔다면 말로 꾸짖은 뒤 (우리에서 꺼내) 집 밖으로 데리고 나가 화장실을 가리키고, 다음번에 강아지가 그 장소로 가면 아낌없이 칭찬해주라. 강아지가 대소변이 있는 우리에 앉아 있게 놔두지 말고, 더러운 우리 안에도 절대로 다시 들여보내지 말라.

우리에 갇히는 것이 개에게 즐거운 경험이 되도록 하라. 가두는 것과 벌주는 것을 연관 짓게 하면 절대로 안 된다. 갇혀 있는 동안 몰인정하게 말하거나 벌을 주지 말라. 절대로 우리에 장시간 가두지 말라. 우리는 은신처이며 안전하고 포근한 보금자리지 감옥이 아니다.

개가 화장실 훈련을 완전히 끝마치면 사람이 집에 있을 때는 가둬둘 필요가 없으므로 우리 문을 열어놓아 자고 싶거나 혼자 있고 싶을 때, 또는 아플 때 우리 안에 들어갈 수 있도록 해준다. 강아지가 스스로 원해서 우리 안에 들어갔을 때는 어린아이나 다른 동물에게 괴롭힘을 당하면 안 된다. 또 아이들

은 개 우리가 강아지의 '전용 공간'이며, 가지고 노는 물건이
아니라는 점을 인식해야 한다.

우리의 종류

케이지 cage **크레이트** crate	철망으로 된 개집.
펜스 fence	철망으로 되어 있으나 천장과 바닥이 없는 개집.
케널 kennel	플라스틱으로 되어 있으며 이동하기가 쉬운 개집.
안전문	방, 목욕탕, 베란다의 입구를 막을 수 있는 울타리.
방석	실내에서 이용할 수 있는 쿠션.

개 우리 없이 가두기

개를 우리에 넣고 싶지 않을 경우에도 청소하기 쉬운 부엌,
욕실 복도 또는 방 안의 조그만 공간을 차단하여 '거주지'를
만들어줄 수 있다. 그 크기는 강아지마다 다르다. 어떤 개는
부엌이나 욕실 전체를 차지하면서도 먼지 한 점 없이 깨끗
하게 유지할 수 있고, 반면 어떤 개는 한쪽 구석에서 자면서
다른 구석에 배설할 수도 있다.

우선 작은 부엌이나 다용도실 또는 욕실에 개를 가둔다. 그러나 만일 개가 그곳에 배설을 한다면 즉시 판지로 벽을 만들어 개가 보금자리로 삼아 깨끗하게 유지할 만큼의 공간만 남겨두라. 아마 마지막에는 60×90cm나 그보다 더 작은 공간이 될 것이다. 하지만 넓이가 적당해야만 개가 화장실 훈련 기간에 더럽히지 않는다는 사실을 명심하라.

작은 욕실, 부엌 또는 다용도실을 사용할 수 있다면 개와 어린아이들을 위해 출입구를 만들어 막아놓을 수 있다. 가장 많이 사용되는 종류는 깨물거나 씹을 수 없는, 비닐 코팅된 철망으로 만들어진 80cm 높이의 단단한 목재 프레임이다. 압력 바로 출입구가 단단히 고정되기 때문에 따로 설치가 필요 없다.

개의 머리나 발이 끼일 정도로 큰 틈이 있는 문을 사용해서는 안 된다. 또 닫힌 문 뒤의 좁은 공간에 개를 감금해서도 안 된다. 개를 화나게 만들고 문제를 일으키는 행동을 조장할 뿐이다. 갇힌 상태를 가능한 한 아늑하게 만들어 개가 혼자 남겨졌을 때 짖거나 울지 않도록 하라.(개가 낑낑거리고 짖어대면 이웃 사람들에게 방해가 될 수 있으며, 특히 아파트에서는 문제가 된다.)

실외 화장실
훈련

개가 실외에서 배설하도록 훈련하는 것은 패턴을 정하면 아주 쉽다. 개는 일정한 간격으로 먹고 자고 배설하는(먹고 자는 장소로부터 떨어진 곳에서) 습성을 가진 동물이므로 시작부터 좋은 습관을 기르는 것이 중요하다. 이미 알고 있겠지만 실외 화장실 훈련의 첫 단계는 개에게 균형 잡힌 식사를 규칙적으로 제공하는 것이다. 개는 나이에 따라 하루 한 끼에서 세 끼를 먹으며 매일 같은 시간에 일정한 양을 섭취해야 한다.

다음으로, 개에게 실외에서 배설하는 법을 가르쳐야 하므로 적당하고 일정한 공간을 마련해 정해진 시간, 정해진 장소에 배설할 수 있도록 계획을 짠다. 원래 대부분의 개는 충분한 시간을 주었을 때 집 밖으로 나와 볼일을 보는 버릇이 있다. 강아지가 자주 밖으로 나갈 수 있도록 하라.

애견의 연령에 따른 일반적인 훈련 프로그램은 88쪽부터 제시되어 있다. 그 프로그램은 당신의 생활 방식에 알맞은 7일 패턴을 정하고 실외 화장실 훈련을 성공적으로 이끄는 데 도움이 될 것이다. 훈련된 개와 한식구로 같이 살면서 여러 해 동안 만족스럽게 지낼 생각을 한다면, 일관성 있는 계획에 따른 7일간의 투자는 아주 작은 부담에 불과하다.

목줄 훈련

마당에 담장이 없거나 도시에서 사는 경우, 강아지는 7일 프로그램을 시작하기 전에 목줄 훈련을 받아야 한다. 이 훈련을 완성하는 가장 좋은 방법은 어렸을 때 목걸이에 익숙해지게 만드는 것이다. 실용적이고 가벼운 목걸이를 구입하라.

강아지가 젖먹이에 불과하다면 많은 돈을 들일 필요가 없다. 아주 작은 종을 제외한 대부분의 개들은 자라면서 목걸이를 몇 개씩 갈아치운다. 실용적인 것부터 채우기 시작해 목을 조를 만큼 작아지면 즉시 교체한다.

강아지의 목에 처음으로 목걸이를 채우면 아마도 몸을 비틀며 벗겨내려 할 것이므로 옆에서 지켜보아야 한다. 매일 10~15분 간격으로 몇 번씩 목걸이를 채워주면서 계속 세상에서 가장 귀여운 강아지라고 칭찬해주라. 여기서 우리가 원하는 것은 단계적으로 목걸이를 차는 데 익숙하게 만든 후 최종적으로 목줄을 묶고 산책을 시키는 것이다.

다음 단계는 목걸이에 줄을 매고 강아지가 줄을 끌면서 방 안을 돌아다니도록 놔두는 것이다. 처음 몇 번은 줄을 잡거나 강아지를 잡아당기지 말라. 그저 옆에 있으면서 강아지의 몸에 줄이 감겼을 때 풀어주기만 하면 된다. 이 과정을 몇 차례 거친 후에는 줄을 느슨하게 잡고 개가 가는 대로 따라다닌다. 그런 다음 당신이 가고 싶은 곳으로 강아지를 유도해보라. 십중팔구 앞으로 움직이기는커녕 뒤로 물러나거나 마룻바닥 위를 뒹굴어댈 것이다.

그러나 화내지 말라. 몸을 굽히면서 강아지의 이름을 부르고 가장 부드러운 목소리로 "이리 온"이라고 말해보라. 앞으로 움직이지 않으면 줄을 가볍게 잡아당긴다. 절대로 줄을 갑작스럽게 잡아채면 안 된다. 개에게 공포심만 안겨줄 것이다. 개가 따라오면 최대한 많이 칭찬해준 다음, 줄을 손에 쥐고 앞으로 걷는다.

　이런 단계를 반복하여 강아지가 주인 옆에서 걸을 수 있도록 가르친다. 강아지를 입양한 지 얼마 후부터 목줄 훈련을 가르치면, 강아지는 화장실 훈련에 들어가기 전에 목줄 훈련을 완전히 끝마칠 수 있을 것이다.

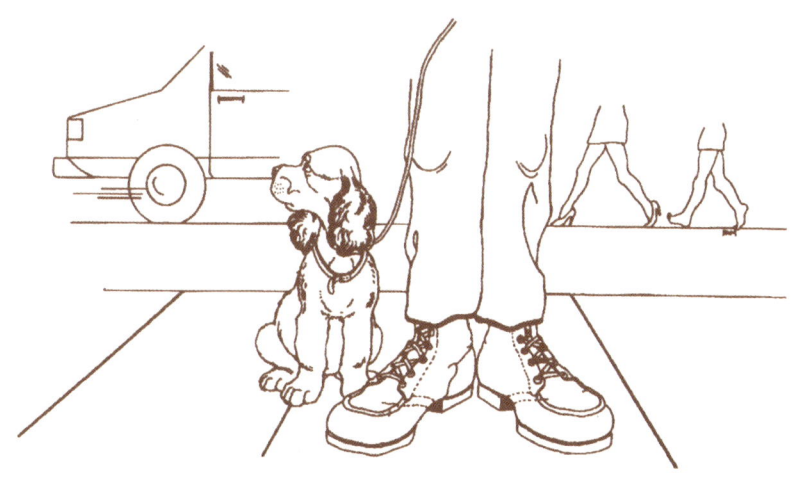

도시에 사는 개

도시의 거리에 나가면 개는 항상 목줄에 매인 채로 사람의 통제를 받아야 한다. 개 관련법은 날로 엄격해지고 있으며 점점 더 까다롭게 적용되고 있다. 개 주인은 의무적으로 거주 지역의 개 목줄 및 배설물 처리 법규를 숙지하고 그대로 준수해야 한다.

7일 프로그램 동안에는 오로지 배설을 위해서만 개를 밖으로 데리고 나가도록 하라. 실외 화장실 훈련이 끝나면 먼 거리를 오갈 수 있지만, 현 단계에서는 외출을 배설 행위와 연관시켜야 한다. 가능한 한 집에서 가까운 곳에 배설하도록 훈련시킨다. 그래야 비 또는 눈이 내릴 때나 밤늦은 시간에 먼 곳까지 터덜터덜 걸어가야 하는 수고를 덜 수 있다.

밖으로 나가자마자 강아지를 연석[도로와 인도의 경계가 되게 늘어놓은 돌]으로 데리고 가서, 그곳이 올바른 용변 장소라는 점을 첫날부터 배울 수 있게 한다. 개가 웅크려 앉거나 인도로 걷기 시작하면 안거나 가볍게 끌어 도로 구석으로 데려가고, 그곳에서 용변을 마치면 다정하게 칭찬해준다. 개는 곧 무슨 뜻인지 알아챌 것이다. 절대로 이웃의 잔디밭이나 아이들의 놀이터, 휴식 공간에 배설하지 못하게 해야 한다.

암캐는 소변을 볼 때 항상 웅크리기 때문에 연석 훈련이 매우 쉽다. 그러나 수캐는 다 자라면 다리를 쳐들고 수직의 '목표 지점'을 겨냥하기 시작할 것이다. 이러한 수캐의 소변 패턴은 영역 표시 의식의 일부로서, 오랫동안 남아 있는 냄새로 그 지역의 다른 수캐에게 자신의 존재를 알리는 것이다. 따라서 수캐의 용변 장소를 정할 때는 이 점을 고려해야 한다. 연석, 소화전, 전신주 등은 알맞은 장소가 될 수 있지만 어린 묘목, 자동차(개의 소변에 포함된 산酸은 페인트와 크롬 도금을 부식시킨다), 담, 우편함, 관상용 식물 및 관목에는 오줌 세례를 퍼붓지 못하게 해야 한다.

배설물을 처리하는 것도 잊지 말라. 많은 개 주인들이 개의 배설물을 치우지 않아 요즘에는 처치 곤란한 동물의 배설물 문제가 대도시의 주요한 문젯거리가 되었다. 개의 배설물을 밟아 신발 바닥에 더러운 것이 묻으면 사람들은 아무래도 비위가 상할 수밖에 없고, 이로 인해 개 주인이 이웃에게 손가락질을 받을 수도 있다.

리더 워크

길에서 개와 주인이 산책하는 모습을 본 적 있으시죠? 그런데 어떤 주인은 개에게 끌려가듯이 쩔쩔매는데, 어떤 주인은 개와 여유롭게 산책합니다. 개도 주인도 편하게 그야말로 산책하는 모습입니다. 이 두 모습의 차이는 뭘까요?

기운차게 주인을 끌어당기는 개의 모습은 사실 주인과 개의 힘의 관계가 역전되었음을 보여주는 것입니다. 개가 기운이 넘쳐서가 아니라 자신이 주인을 지배하고 있다는 것을 확인하려는 행동입니다. 이러한 잘못된 주종 관계를 역전시키려면 주인이 보스가 되어서 가고 싶은 곳으로 개를 이끌고 가야 합니다. 이때 효과적인 방법이 '리더 워크'(leader walk)입니다.

리더 워크는 리더(주인)가 개줄을 잡고 개를 옆에 붙인 상태로 걷는 것을 말합니다. 개를 긴장시키거나 안정시키기 위한 방법으로 복종 훈련의 기본입니다. 리더 워크의 핵심은 개와 시선을 절대로 맞추지 말고 완벽하게 무시하는 것입니다. 말을 거는 것도 금물입니다.

훈련은 이렇게 합니다. 줄은 당긴 상태가 아니라 여유를 두고 개와 함께 걷습니다. 그러다 개가 앞으로 가려고 하면 방향을 바꾸어 반대 방향으로 갑니다. 다시 앞으로 나가려고 하면 다른 방향으로 사람이 가고 싶은 대로 갑니다. 이렇게 사람이 방향을 바꾸었을 때 순간적으로 줄이 당겨지면서 개는 목에서 느꼈던 불쾌감을 기억하고 사람을 따라서 가게 됩니다. 이 훈련은 한 사람만 하는 것이 아니라 이 사람 저 사람 돌아가면서 하는 것이 효과적입니다.

항상 집에 있는 주인을 위한 7일 프로그램

훈련 프로그램을 시작하기 전날 밤, 개를 밖으로 데리고 나가서 완벽하게 배설하도록 하라. 다음으로 목걸이를 벗기고 밤 동안 우리에 넣거나 개의 '거주지'가 될 곳에 가둬둔다. 담요나 목욕 매트, 좋아하는 장난감 몇 개를 함께 넣어주면 개가 안심할 것이다.

개를 우리에 넣어두었다면 아침에 일어나자마자 개를 꺼내줄 수 있도록 우리를 침대 가까이에 둔다. 반드시 일어나자마자 개를 밖으로 내보내줘야 한다. 그전에 샤워를 하거나 커피를 끓이느라 시간을 지체하지 않아야 한다. 자기 전에 편안한 옷 몇 벌과 재빨리 신을 수 있는 신발, 강아지의 목걸이와 줄(마당에 담장이 없을 경우), 그리고 열쇠(아파트에 살 경우)를 미리 준비해놓는 것도 좋다.

알람이 울리자마자 침대에서 빠져나와 개를 우리에서 꺼내준 다음, 처음 며칠 동안은 혹시라도 실수를 저지를지 모르니 개를 안고 밖으로 나온다. 당신이 원하는 배설 장소로 데리고 가서 개가 좋아하는 지점을 찾도록 코로 킁킁거리며 탐색하게 놔둔다. 이때 개를 다그치면 안 된다. 어떤 개들에게는 코로 냄새를 맡는 행위가 배설을 자극하는 중요한 요소가 된다.

항상 개 가까이에 있어야 한다. 강아지가 배설을 하면 칭찬해주고 영특한 개라고 말해준 다음, 다시 집 안으로 데리고 온다. 아침 식사를 준비하는 동안 잠시 강아지를 부엌에서 마음대로 놀 수 있게 해줘도 된다. 하지만 이 시점에서 강아지를 감시하지 않은 채 집 안을 자유롭게 돌아다니도록 허용해서는 결코 안 된다.

개에게 아침밥을 주고, 15~20분 후 그릇을 치운 다음 마실 물을 준다. 훈련 기간에 잊지 말아야 할 점은 물을 양이 아닌 시간으로 제한하라는 것이다. 따라서 마실 물은 원하는 만큼 주어도 좋다. 15~20분 후 목걸이에 줄을 채우며 "나가자"라고 말한 후, 같은 장소로 데리고 간다. 이전에 왔을 때 배설했던 냄새가 남아 있으면 개가 그 장소에 온 이유를 기억할 수 있으므로 항상 같은 배설 장소로 가야 한다.

개가 용변을 보면 최대한 칭찬해주고 집으로 돌아온다. 용변을 보지 않을 경우에는 개를 집으로 데리고 와서 15분 정도 우리에 가둔 다음, 다시 한 번 데리고 나간다. 이렇게 첫 번째 외출과 배설 행위를 반드시 연관 지어야 하기 때문에 개가 밖에서 서성대기만 한다면 다시 안으로 데리고 와 15~20분간 우리에 가두고 나서 또 한 번 시도한다. 첫날 아침에는 이것을 3~4번 반복해야 할 테지만 개의 '생체 리듬' 기능에 대해 익히게 되면 시간대를 맞출 수 있을 것이다.

강아지가 아침을 먹은 후 배설을 하면, 다음 식사 또는 외출 때까지 가두기 전에 또 한 번 자유롭게 놀 수 있게 놔둔다. 단, 강아지에게서 눈을 떼서는 안 된다. 이런 자유 시간은 강아지의 나이에 따라 달라진다. 강아지가 30분간 아무런 사고도 치지 않고 잘 놀면, 다음에는 자유 시간을 45분으로 해서 놀 수 있는 시간을 조금씩 늘린다. 주인이 집에 없는 동안만 가둬놓아도 아무 문제가 없을 때까지 점차 자유 시간을 늘리는 것을 목표로 한다.

강아지는 가능한 한 많은 곳을 탐색하고 가족 구성원(사람뿐 아니라 다른 애완동물)과 사귀어야 하므로 자유 시간을 특정한 방에서만 보내게 할 필요는 없다. 그저 혼자서 완벽하게 배설하게 될 때까지 고급 카펫을 깔아놓은 방에는 들어가지 못하게 하면 된다. 만약 강아지가 퇴행 현상을 보이면 처음으로 돌아가라. 훈련 프로그램을 처음부터 다시 시작하는 것이다.

강아지는 어릴수록 자주 배설하기 때문에 다음과 같은 경우 항상 데리고 나갈 준비를 해야 한다.

- ◆ 아침에 일어나자마자 바로
- ◆ 먹이를 먹고 물을 마신 후에 항상
- ◆ 낮잠을 자고 나서
- ◆ 매우 흥분했거나 오래 놀고 난 후
- ◆ 마지막으로 밤에

사이사이에 강아지가 낑낑거리며 불안해하거나 바닥에

코를 대고 냄새를 맡거나 한군데서 맴도는 등 배설하고 싶어 하는 신호를 보내지 않는지 항상 주의를 기울여야 한다. 강아지가 이런 행동을 하면, 먼저 다른 데로 주의를 돌린 다음 가능하면 개를 안고 집 밖의 배설 장소로 빨리 데리고 나가라. 처음 며칠은 하루에 8~10번 정도 밖으로 데리고 나가야겠지만, 강아지가 틀이 잡혀 적응이 되면 연령에 따라 하루에 4~6번이면 될 것이다.

계획을 엄격하게 지켜야 한다. 이 단계에서 주인이 성실하게 임할수록 훈련은 성공적으로 진행된다. 강아지에게 주인이 원하는 것을 이해시키려면 인내가 필요하지만 결국 강아지는 정해진 프로그램에 적응하게 될 것이다. 물론 실수를 하기도 한다. 강아지를 키우면 이런 경험을 하기 마련이다. 집에서 실수를 했을 때 절대로 물리적으로 학대해서는 안 된다. 너그럽게 개의 행동을 지적한다. "그러면 안 돼!" 혹은 "나빠!"라고만 말해도 충분하다. 말투나 표정으로 주인이 화가 났다는 사실을 효과적으로 전달할 수 있다. 이 주제에 대해서는 96쪽 〈훈련에는 사랑과 인내심이 필요하다〉에서 좀 더 자세히 다룰 것이다.

집이 담장으로 막혀 있는 경우에도 훈련 기간에는 항상

강아지와 함께 밖으로 나가라. 언제 어디서 개가 배설하는지 당신도 확인하고 싶을 테고, 아낌없이 칭찬해주면 강아지는 우쭐해서 주인이 원하는 대로 행동할 것이다. 실외 화장실 훈련을 완전히 끝마치면 밖으로 나갈 때 옆에 있을 필요가 없다. 그러나 도시에 사는 경우, 또는 마당이 개방되어 있는 경우에는 항상 개와 같이 나가야 한다. 절대 멋대로 돌아다니게 놔두지 말라.

하루 종일 직장에서 일하는 주인을 위한 7일 프로그램

주인이 하루 종일 밖에서 일하는 경우에도 7일 안에 개를 완벽하게 훈련시킬 수 있다. 똑같은 일상생활을 유지하면서 각자의 근무 시간에 맞게 먹이 주기, 산책하기, 감시 하에 자유시간 주기, 가두기 등을 조정하면 된다. 성공적인 패턴을 정하는 데 도움이 될 수 있으므로 88쪽부터 제시되는 연령별 개 훈련 프로그램을 참조하라.

훈련 프로그램을 시작하기 전날 밤 강아지를 데리고 나가서 완전히 배설하도록 한다. 목걸이를 벗기고 개 우리에 넣거나 밤 동안 '거주지'로 쓰일 곳에 가둔다. 담요나 목욕 매트, 좋아하는 장난감 몇 개를 놓아주면 개가 보다 편하게 지낼 수 있을 것이다.

처음 며칠간은 개가 제대로 행동할 때까지 시간이 좀 더 필요하므로 평소보다 조금 일찍 일어나도록 한다. 알람이 울리면 재빨리 침대에서 나와 개가 실수하지 않도록 밖으로 데리고 나간다. 원하는 장소로 데리고 가서 코로 주변의 냄새를 맡도록 놔둔다. 개가 배설하면 즉시 칭찬해주고 안으로 데려온다. 부엌에서 강아지가 잠시 혼자 놀 수 있도록 해주고 그동안 아침을 준비한다.

아침을 먹인 다음 15~20분 후 그릇을 치우고 마실 물을 준다. 다시 15~20분 후 목걸이에 줄을 채우고 "나가자"라고 말한 다음 같은 장소로 데리고 간다. 개가 배설하면 열성적으로 칭찬하고 안으로 돌아온다. 용변을 보지 않을 경우에는 개를 다시 안으로 데리고 와서 15분 정도 우리에 가둔 다음 다시 한 번 데리고 나간다.

이렇게 첫 번째 외출과 배설 행위를 반드시 연관 지어야 하기 때문에 개가 밖에서 서성대기만 한다면 다시 안으로 데리고 와 15~20분간 우리에 가두고 나서 또 한 번 시도한다. 첫째 날이나 둘째 날 아침에는 개가 자연스럽게 배설 습관을 익히기까지 3~4번 밖으로 나가야 할지도 모르지만, 일단 익숙해지면 보통 때처럼 일어나도 될 것이다.

출근하기 바로 전에 개를 거주지에 가두는 것이 좋다. 실내 화장실 훈련(또는 근무 시간이 길거나 불규칙할 경우에는 실내 화장실 훈련의 혼합)을 하기로 결정했으면 바닥에 신문지를 깔아둔다. 그러나 실외 화장실 훈련을 하기로 결심했다면 종이를 깔지 말라. 개가 밖에서 배설할 수 있을 때까지 용변을 참도록 훈련하는 것이 목표이기 때문이다.

개가 가지고 놀 장난감과 씹을 거리를 충분히 넣어주되, 생가죽류는 7일 프로그램 기간에 되도록 피한다. 가죽류를 씹으면 목이 마르는데 물의 양은 제한되어 있기 때문이다. 날씨가 지나치게 덥거나 눅눅할 때 또는 습도 조절기가 없는 경우를 제외하면, 7일 훈련 기간에는 출근할 때 물을 주지 않는다. 물을 준비해놓는다 해도 조금만 담아주거나 나중에 녹을 수 있게 물그릇에 얼음 몇 조각을 놓아둔다.

출근할 시간이 되면, 다정하게 인사하는 일은 생략하고 재빨리 나간다. 개를 혼자 두고 나갈 때는 과장된 표현을 하지 말고, 강아지가 낑낑대면 주인이 꾸물거릴 수도 있다는 점

을 알려주어서도 안 된다.

점심시간에 집에 들르거나 이웃에게 낮에 잠깐 봐달라고 부탁할 수 있는 경우에는 강아지의 감금 시간을 줄여줄 수 있다. 그러나 만일 하루 종일 강아지를 혼자 놔둬야 한다면 퇴근 후에 곧장 집으로 돌아온다. 훈련 기간 동안은 동료와 '기분 좋게 어울리는 시간'은 아예 꿈꾸지 말자. 집에 돌아오면 강아지에게 반갑게 인사하고 강아지의 거주지가 어떤 상태이건 간에 법석을 떨며 강아지에게 말을 걸어준다.

훈련 프로그램을 막 시작한 경우, 바닥이 엉망진창이 되는 것은 오히려 당연한 일이다. 아무리 지저분해도 강아지를 야단치면 안 된다. 가능한 한 신속하게 줄을 채우고 "나가자"라고 말하면서 곧장 밖으로 데리고 나간다. 집으로 돌아오면 거주지를 청소하거나 더러워진 종이를 치우고 먹이 주기, 산책, 자유 시간, 감금 계획을 취침 시간까지 다시 계속한다.

7일 프로그램 동안 식사와 산책 시간을 일정하게 유지하여 계획에서 벗어나는 일이 없도록 한다. 다시 말해 주중에는 아침 7시 30분에 먹이를 주면서 주말에는 늦게까지 잔다거나, 회사에 있는 동안에는 개를 하루 종일 가둬두면서 토요일이나 일요일 오후에는 밖으로 데리고 나가 놀게 해주면 안 된다는 말이다.

결국 언젠가는 밤에 집에 돌아왔을 때 모든 것이 흐트러짐 없이 제대로 돌아가는 날이 올 것이다. 그때는 자축연을 벌여도 좋다.

개들은 주인과 떨어지는 것을 싫어하고 항상 함께 있기를 원하기 때문에 집에 있는 동안 충분히 운동을 시키고 관심을 기울여주어 회사에 나가 있을 때 개가 의기소침해지거나 지루해지지 않도록 해야 한다. 개를 가두기 전후에 충분히 운동을 시켜준다. 조금 일찍 일어나거나 일을 마친 뒤라도 좋다. 안아주고 놀아주는 시간을 정해 개가 신나게 장난칠 수 있는 기회를 주라.

화장실 훈련을 완전히 끝마치면 공원에서 오랜 시간 산책을 시키거나 뛰어다니도록 하라. 즐겁고 만족스러운 상태라면 개는 갇히는 것을 마다하지 않을 것이다. 같이 놀면서 아낌없이 애정을 표현하라. 개는 우정과 충직함으로 보답할 것이다.

청결과 미용의
중요성

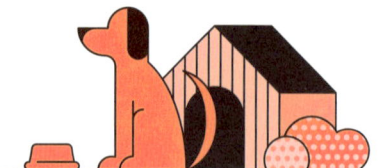

대부분의 개 주인들(일부 훈련사도 포함)은 실외 화장실 훈련
을 청결함이나 제대로 된 미용grooming과 연관시키지 못하는
오류를 범한다. 발이나 꼬리털이 배설물로 더러워지고 주인
이 오랫동안 몸치장과 목욕을 해주지 않거나 주위 환경이
늘 깨끗하지 못하면 개는 자주 풀이 죽고, 실외 화장실 훈련
을 받았는데도 집 안에 배설을 하거나 실내 화장실 훈련을
받았는데도 용변 패드가 아닌 곳에 배설을 한다. 결국 자신
의 배설물 냄새에 익숙해져서 보금자리와 배설하는 장소를

구별하지 못하게 된다.

개를 항상 깨끗하고 좋은 향이 나며 손질이 잘된 상태로 유지하라. 조금 복잡한 털 손질이나 미용이 필요하다면 전문가에게 미용과 발톱 손질을 맡기면 될 것이다. 하지만 정기적으로 미용실에 다니더라도 그 사이에 자주 빗질을 해주고, 몸에 더러워진 부분이 있으면 건성이나 거품 샴푸로 깨끗하게 씻어주라. 깨끗한 개는 보기에도 산뜻하며, 규칙적인 미용은 개와 주인 사이에 보다 바람직한 관계를 조성하고 건강상의 문제를 미리 발견할 수 있는 기회가 되는 등 아주 유용하다.

몇 년 전 나는 푸들이 낳은 새끼들 중 수컷 강아지 조나단 덕분에 흥미로운 경험을 한 적이 있다. 조나단의 어미는 보금자리에서 새끼들을 깨끗하게 유지하는 일에 대단히 정성을 기울였다. 새끼들이 생후 5주가 되자마자 나는 강아지를 쓰다듬으며 깨끗하게 빗질을 해주기 시작했고, 조나단은 생후 5개월이 되었을 때 화장실 훈련을 완전히 끝마치고 완벽한 털 상태로 새 집에 입양되었다.

그러나 몇 달 후 개 주인이 전화를 해서 조나단이 집 안 구석구석을 온통 엉망으로 만들어놨다는 얘기를 들려줬을 때

내가 얼마나 놀랐을지는 상상에 맡기겠다. 나는 개를 보게 해달라고 요청했고, 주인이 조나단을 데려왔을 때 경악하고 말았다. 조나단은 우리 집을 떠난 후 한 번도 손질을 받지 못해 몸 전체가 더러움에 찌든 털 덩어리나 다름없었다. 목욕을 시키고 털을 다듬어준 후 나는 털 손질과 화장실 훈련 프로그램에 대한 지침과 함께 조나단을 다시 그 집으로 돌려보냈다.

　그 후 한동안 별탈이 없어 보였는데, 몇 달 후 주인이 다시 전화를 걸어와 개가 도저히 용변을 가리지 못하니 돈을 돌려주지 않으면 조나단을 개 보호소로 보내겠다고 말했다. 주인이 그 불쌍한 강아지를 돌려주었을 때 얼마나 손질이 안 돼 있고 냄새가 났는지는 말할 필요도 없을 것이다. 내가 규칙적인 손질과 목욕 일정을 정해놓고부터 조나단은 우리 집에서 단 한 번도 실수를 하지 않았다.

조언 한 마디

생후 11주가 되면 강아지는 밤새 배설하지 않고 참을 수 있

어야 한다. 그러나 훈련을 시작했을 때 만일 건강한 강아지
인데 자기 전에 배설했으면서도 밤에 계속 잠자리를 더럽힌
다면 근육 조절 능력을 키우지 못했음을 뜻한다. 이때는 훈
련 프로그램을 한 주 정도 연기한다. 다 자란 개가 실수를 하
는 경우에는 수의사에게 검진을 받아야 한다.

실내 화장실 훈련

다음과 같은 경우 실내 화장실 훈련이 편리하다.

◆ 개가 작고 아파트에 살 경우
◆ 주인이 오랜 시간 일하러 나가 있어 개가 집에 혼자 있
  는 경우
◆ 주인이 나이가 많거나 몸이 불편하여 개를 산책시키기
  가 곤란한 경우
◆ 방광과 내장의 근육 조절 능력이 완전하지 않은 어린

강아지의 경우

◆ 급성 전염병, 간염, 렙토스피라병, 파보바이러스, 특정
한 호흡기 질병에 대해 아직 충분히 면역이 되지 않아
외출할 수 없는 어린 강아지의 경우

개 주인들이 저지르는 가장 큰 실수 중 하나가 실제로는
실외에서 배설하기를 원하면서 강아지에게 실내 화장실 훈
련을 시키는 것이다. 실내 화장실 훈련은 실외 훈련을 향한
첫 단계가 아니다. 실내 화장실 훈련은 주로 집 안에서 종이
나 패드 위에 배설해야 하는 개를 대상으로 하며, 개를 궁극
적으로 집 밖에서 배설하게 하려면 피해야 할 훈련이다.

물론 예외는 있다. 우선 완전한 근육 조절 능력을 갖추지
못했거나 예방 주사를 맞지 않아 밖에 나갈 수 없는 어린 강
아지의 경우다. 두 가지 경우 모두 신문지 사용은 일시적인
방편일 뿐이다. 몇 주 이상 실내 훈련과 실외 훈련을 병행하
면 어린 강아지는 배설해야 할 장소에 대해 종종 혼란을 겪
게 된다.

강아지가 밖으로 나갈 수 있게 되자마자 엄격한 산책 계
획으로 전환하지 않는다면, 강아지는 밖에서 배설하려 들지

않고 집에 돌아와 배설할 신문지를 찾거나 자기가 쓰던 패드가 있는 장소를 발견할 때까지 용변을 참을 것이다. 전에는 신문지에 배설할 때 칭찬을 하다가 같은 행동을 했는데도 나무라면 강아지는 어리둥절할 수밖에 없다.

강아지에게 실외 배설을 시킬 목적이지만 개가 충분히 면역이 되지 않았거나 오랫동안 용변을 참을 수 없다고 가정해보자. 가장 좋은 방법은 외출해도 될 만큼 자랄 때까지, 정식으로 실내 화장실 훈련을 시키지 않고 부엌에 마련한 종이를 깔아놓은 보금자리에 강아지를 가둬놓는 것이다. 줄곧 개를 지켜보고 있을 수 없으므로 작은 공간으로 활동을 한정하거나 널찍한 강아지 우리에 넣어두자. 감금 장소는 신문지로 깔아놓아야 하지만 신문지를 사용한다고 강아지를 칭찬해서는 안 된다.

강아지의 면역이 완전해지거나 배설 조절 능력이 향상되면 즉시 신문지를 완전히 치우고 밖으로 데리고 나간다. 여러 가지 훈련 지침서를 보면 어린 강아지를 실내 화장실 훈련에서 실외 화장실 훈련으로 전환할 때 가장 좋은 방법은 화장실 패드의 크기를 점점 줄여나가면서 동시에 외부 출입문 쪽으로 옮겨나가는 것이라고 나와 있다. 그러나 나는 이

전 훈련에서 새로운 훈련으로 즉시 교체하는 것이 가장 좋다고 생각한다.

강아지를 밖으로 데리고 나가서, 원하는 행동을 할 때까지는 아무리 시간이 오래 걸리더라도 옆에 같이 있는 것이 좋다. 강아지가 고집을 부리면서 밖에서 배설하는 것을 거부하면 종이 한 장(배설물 냄새가 나는 것이 좋다)을 가져다가 그곳이 바로 배설할 장소라는 것을 깨닫게 만든다. 이웃집 사람들이 당신을 괴짜라고 생각할지도 모르지만 어렵지 않게 원하는 결과를 얻게 될 것이다.

두 번째 예외는 주인이 오랫동안 일하러 나가 있기 때문에 실내 배설과 실외 배설을 병행해서 가르쳐야 하는 경우이다. 이건 실로 큰 문제이기도 한데, 당신의 개가 언제든지 신문지를 사용할 수도 있다는 사실에 굴복해야 하기 때문이다. 이 경우 실내 배설과 실외 배설을 완벽하게 해내는 개를 상상한다면 실망하게 될 것이다. 실내 화장실 훈련은 개에게 실내에서 배설하는 것이 잘못이 아니라고 가르치므로, 주인이 집에 있을 때 개가 집 안에서 배설한다고 해서 나무랄 수 없다.

종이 훈련법

실내 화장실 훈련을 위해 제시되는 프로그램은 88쪽부터 제시된 실외 화장실 훈련 프로그램과 동일하다. 차이점이 있다면 밖으로 데리고 나가는 대신 집 안에서 배설하도록 신문지 위에 개를 올려놓는다는 것이다. 이 계획대로 정확히 따라 하면 7일 안에 개의 실내 화장실 훈련을 끝마칠 수 있다.

부엌, 욕실 또는 복도와 같이 개의 실내 화장실로 사용할 방의 한쪽 구석을 택한다. 개가 실수할 경우 쉽게 청소할 수 있고 강아지가 가족들의 일상생활을 방해하지 않으면서 배설할 수 있는 곳이어야 한다. 화장실은 잠자고 식사하는 장소와 떨어진 곳이어야 한다. 90×120cm 공간의 바닥에 비닐 봉투를 펼쳐놓고 그 위에 신문지 6~8장을 깐다. 보통 개가 필요한 것보다 훨씬 넓은 공간이지만 이렇게 하면 개가 신문지를 쉽게 찾을 수 있다. 종이 가장자리는 개가 미끄러지지 않도록 테이프로 붙여야 한다. 매일 같은 장소에 종이를 깔아놓는 것이 중요하다.

실외 화장실 훈련 프로그램에서 제시된 것과 같이, 개가 매일 아침 사료와 물을 먹은 후, 낮잠 후와 운동 또는 놀이 시간 후, 자기 전, 그리고 안절부절못하거나 배설할 장소를 찾는 것 같아 보일 때마다 개를 배설할 종이로 데리고 간다. 부드럽게 말을 걸면서 종이를 사용하라고 말해준다. 제대로 배설을 할 때마다 아낌없이 칭찬을 해서 개가 올바른 행동을 했다는 것을 알려준 다음, 잠시 자유롭게 풀어놓아 보상을 해주라. 매일 같은 일을 반복한다. 배설 장소가 아닌 곳에서 배설할 것 같아 보이면 즉시 개를 안고 배설할 장소로 데리고 간다. 잘못된 행동은 너그럽게 고쳐주고 절대로 벌을 주어서는 안 된다.

신문지를 정기적으로 갈아주되 더러워진 종이 중의 한 장을 남겨 새 종이 위에 다시 깔아놓는다. 배설물 냄새가 개를 같은 장소로 유인할 것이다. 개가 종이에다 배설하는 법을 배운 다음, 식사 후에는 약간 떨어진 곳으로 데려다놓고 "이리 온" 하고 부르면서 신문지가 있는 곳으로 유도한다. 실외 화장실 훈련을 시키는 경우에는 바로 이 시기에 개를 집 밖으로 데리고 나간다. 먹이를 먹고 나면 곧장 종이가 있는 곳으로 가야 한다는 것을 개가 배우는 것이 중요하다.

며칠 내에 강아지는 자신이 좋아하는 장소를 정해서 자동적으로 그곳으로 향할 것이며, 이때쯤이면 종이를 까는 공간의 크기를 줄이기 시작한다. 하지만 적어도 타블로이드판 신문지를 펼쳐놓은 크기보다는 커야 한다. 배설물이 흡수되어야 하니 여러 장을 깔아놓도록 하라. 개가 한 번이라도 종이를 깔아놓은 장소가 아닌 곳에서 배설한다면 훈련 과정을 다시 시작해야 한다.

　훈련이 성공적으로 진행됨에 따라 점점 개를 풀어놓는 기간을 늘려서, 최종적으로 주인이 집에 있을 때는 가둬놓지 않아도 되게 만든다.

상자 훈련법

작은 개에게 실내 화장실 훈련 대신 고양이처럼 작은 상자에 배설하도록 훈련시키는 것 역시 실용적인 방법이다. 신문지 조각이나 흡수성 있는 물질로 상자를 채워 사용하는 편이, 배설물로 더러워진 종이 더미가 부엌 바닥을 굴러다니는 것보다 미관상 훨씬 낫다. 화장실 상자로 사용하기에 가장 좋은 것은 비누와 뜨거운 물로 정기적으로 세척할 수 있는, 무거운 플라스틱으로 만든 상자이다.

상자 훈련법은 실외 화장실 훈련과 같다. 그러나 집 밖으로 데려가지 않고 상자로 데리고 가서 배설하게 한다. 실외 화장실 훈련과 마찬가지로 계획에 맞춰 매일 아침에 일어나자마자, 식사를 마친 후, 낮잠 자고 일어나서, 운동 또는 놀이 시간 후, 자기 전, 그리고 배설할 장소를 찾는 것 같아 보일 때에는 항상 개를 상자로 데려가준다.

개가 상자를 사용하도록 유인하는 가장 좋은 방법은 개오줌이 묻은 신문지 조각을 넣어주거나 소량의 배설물을 남겨두는 것이다. 처음 몇 번은 개를 우리에서 꺼내 화장실 상자로 들고 와서 몇 분 동안 놔둔다. 종이나 상자에 묻은 냄새를 맡게 하면서 애정 어린 목소리로 "화장실 상자에다 해."라고 말한다. 배설을 하면 열성적으로 칭찬해준다. 개가 가만히 있으면 우리에 10~15분 정도 가두었다가 다시 화장실로 데려간다. 그래도 원하는 결과를 얻지 못하면 또 다시 15분간 우리에 가둔다. 쓸데없이 10분 이상 화장실 상자 속에 개를 놔두지 말라.

개가 배설 욕구를 느낄 때마다 화장실로 가는 법을 배워야 한다. 개가 처음에 상자에 배설하지 못하면 개의 직장에 젖먹이용 글리세린 좌약을 삽입해서 약효가 있을 때까지 몇 분간 개를 화장실 위에 두어도 좋다.(젖먹이용 좌약은 개에게 해롭지 않다.) 몇 번만 좌약을 사용하면 개가 화장실 상자와 배설 작용을 연관 지을 것이다.

냄새를 없애려면 딱딱한 배설물은 즉시 없애야 한다.(신문지 대신 흙으로 상자를 채웠다면 배설물을 즉시 퍼내서 변기에 내려 보내라.) 일주일에 한 번씩 상자를 깔끔하게 문질러 닦는다. 개는 배설물 냄새로 유도되기도 하지만, 배설물 범벅이 된 종이나 상자 바닥을 걷거나 불쾌할 정도로 더러운 상자 안에는 들어가려 하지 않을 것이다.

화장실 훈련 프로그램 6가지

7일 안에 화장실 훈련을 완벽하게 끝내려면 지금부터 제시하는 몇 가지 프로그램을 참조하라. [프로그램 1]은 주인이 항상 집에 있고, 3~6개월 된 강아지를 기르는 경우에 적합하다. [프로그램 2]는 주인이 하루 종일 일하러 나가고, 강아지가 3~6개월 된 경우를 위한 것이다. [프로그램 3]은 주인이 항상 집에 있고, 6~12개월 된 강아지를 기르는 경우를 위한 것이며, [프로그램 4]는 주인이 하루 종일 일하러 나가고, 강아지가 6~12개월 된 경우를 위한 것이다. [프로그램

5, 6]은 실외 화장실 훈련을 받은 어른 개를 대상으로 한다.

[프로그램 1~4]는 일반적인 시간표이다. 주인이나 개나 특유의 습관을 지니고 있기 때문에 모든 사람이 이대로 정확하게 따라 할 수는 없을 것이다. 예를 들어, 어떤 개는 식사 시간 직후에 배설을 하는 반면, 어떤 개는 먹은 후 30분 이상 지난 후에 배설한다. 각자에게 알맞은 프로그램을 골라야 한다. 그러나 모델로만 사용하고 개의 생체 리듬 시간을 익히고 난 다음에는 각자의 필요에 따라 계획을 조정하도록 하라. 반드시 일관성을 기해야 한다. 규칙적으로 시종일관 실행하라는 것이다.

3~6개월 된 강아지는 훈련 기간에 30분의 자유 시간이 주어지고, 6~12개월 된 강아지는 45분의 자유 시간이 주어진다는 점에 주목하라. 생후 5개월 된 강아지는 그만큼 독립적일 수 있으므로 자유 시간을 45분 줄 수 있다. 또 9개월 된 강아지라면 1시간의 자유 시간을 누릴 수도 있을 것이다. 강아지가 나이가 들고 훈련이 진행될수록 점점 더 긴 자유 시간을 주고, 결국에는 외출할 때만 우리에 넣어두어도 무방하게 만든다.

프로그램은 훈련 기간에만 적용되고 가족 구성원 모두가

지켜야 한다. 가족 전체가 일관성 있게 행동하면 훈련 기간
이 단축되고 개의 순응도가 높아지며, 개는 보다 큰 행복감
을 느끼게 될 것이다.

주인이 항상 집에 있고, 하루 3끼 먹는 3~6개월 강아지를 위한 시간표

오전 7 : 00	기상, 밖으로 나가기
오전 7 : 10~7 : 30	부엌에서 자유 시간
오전 7 : 30	식사와 물
오전 8 : 00	밖으로 나가기
오전 8 : 15	부엌에서 자유 시간
오전 8 : 45	가두기
낮 12시	식사와 물
오후 12 : 30	밖으로 나가기
오후 12 : 45	부엌에서 자유 시간
오후 1 : 15	가두기
오후 5 : 00	식사와 물
오후 5 : 30	밖으로 나가기
오후 6 : 15	가두기
오후 8:00	물
오후 8 : 15	밖으로 나가기
오후 8 : 30	부엌에서 자유 시간
오후 9 : 00	가두기
오후 11 : 00	밖으로 나가기, 밤새 가두기

프로그램 2

주인이 온종일 집을 비우고, 하루 3끼 먹는 3~6개월 강아지를 위한 시간표

오전 7:00	기상, 밖으로 나가기
오전 7:10~7:30	부엌에서 자유 시간
오전 7:30	식사와 물
오전 8:00	밖으로 나가기, 주인이 하루 종일 밖에 나가 있는 동안 가둬두고 안전한 장난감과 씹을 거리를 주어 개가 심심하지 않도록 한다
오후 6:00	밖으로 나가기
오후 6:15~6:30	부엌에서 자유 시간
오후 6:30	식사와 물
오후 7:00	밖으로 나가기
오후 7:15	가두기
오후 9:00	식사와 물
오후 9:30	밖으로 나가기
오후 9:40	부엌에서 자유 시간
오후 10:10	가두기
오후 11:00	밖으로 나가기, 밤새 가두기

프로그램 3

주인이 항상 집에 있고, 하루 2끼 먹는 6~12개월 강아지를 위한 시간표

오전 7:00	기상, 밖으로 나가기
오전 7:15~8:00	부엌에서 자유 시간
오전 8:00	식사와 물
오전 8:30	밖으로 나가기
오전 8:45	부엌에서 자유 시간
오전 9:30	가두기
오후 12:30	물
오후 12:45	밖으로 나가기
오후 1:00	부엌에서 자유 시간
오후 1:45	가두기
오후 6:00	식사와 물
오후 6:30	밖으로 나가기
오후 6:45	부엌에서 자유 시간
오후 7:30	가두기
오후 11:00	밖으로 나가기, 밤새 가두기

주인이 온종일 집을 비우고, 하루 2끼 먹는 6~12개월 강아지를 위한 시간표

오전 7:00	기상, 밖으로 나가기
오전 7:10~7:30	부엌에서 자유 시간
오전 7:30	식사와 물
오전 8:00	밖으로 나가기, 주인이 하루 종일 밖에 나가 있는 동안 가둬두고 안전한 장난감과 씹을 거리를 주어 개가 심심하지 않도록 한다
오후 6:00	밖으로 나가기
오후 6:15~7:00	부엌에서 자유 시간
오후 7:00	식사와 물
오후 7:30	밖으로 나가기
오후 7:45~8:30	부엌에서 자유 시간
오후 8:30	가두기
오후 11:00	밖으로 나가기, 밤새 가두기

프로그램 5

주인이 항상 집에 있고, 하루 1끼 먹는 어른 개를 위한 시간표

오전 7:00	기상, 밖으로 나가기
오전 8:00	식사, 낮 동안 무제한 물 제공
오후 12:30	밖으로 나가기
오후 5:30	식사(개가 앞으로 계속 하루 2끼 먹을 경우)
오후 6:00	밖으로 나가기
오후 11:00	밖으로 나가기, 취침 시간, 밤새 물은 치운다

프로그램 6

주인이 온종일 집을 비우고, 하루 1끼 먹는 어른 개를 위한 시간표

오전 7:00	기상, 밖으로 나가기
오전 7:30	식사, 하루 종일 무제한 물 제공
오전 8:00	밖으로 나가기, 하루 종일 주인이 나가 있는 동안 가두기
오후 6:00	밖으로 나가기
오후 7:00	식사(개가 앞으로 계속 하루 2끼를 먹을 경우)
오후 7:45	잠시 산책(개가 하루 2끼를 먹을 경우)
오후 11:00	밖으로 나가기, 취침 시간, 밤새 물은 치운다

칭찬은 최고의 훈련법이다

칭찬은 개에게 자신이 주인을 만족시키고 있다는 것을 보여주는 가장 효과적인 방법이다. 모든 종류의 개 훈련에서 칭찬은 필수적인 요소이며, 항상 개에게 아낌없이 해주어야 하는 것이다. 개가 올바른 행동을 할 때마다, 특히 강아지일 경우에는 아낌없는 칭찬으로 개를 치켜세워준다. 개가 한 행동이 주인을 대단히 기쁘게 만들었다는 것을 알게 해준다. 열광적으로 "잘했어!" 또는 "훌륭한 녀석!"이라고 법석을 떨며 말하라.

항상 똑같은 단어나 문구를 사용할 필요는 없다. 반드시 손으로 어루만져가며 만족감을 표현해주라. 애정을 담아 개를 쓰다듬으며 보상해주라. 칭찬을 표현할 때마다 칭찬해주는 행동이 긍정적으로 강화된다. 개는 자신을 과시하려는 경향이 있으며 관심의 대상이 되는 것을 좋아한다. 자신이 대단히 훌륭하고 영리하며 멋지다는 말을 듣고 싶어 한다. 따뜻한 말 몇 마디를 건네고 나서, 개가 얼마나 당신에게 칭찬을 받고 싶어 하는지 직접 확인해보라.

일부 훈련사는 간식을 보상으로, 특히 개가 실외나 실내에서 종이를 깔아놓은 곳에 배설할 경우 간식을 주는 방법을 권하지만, 나는 7일 훈련 기간에 먹이를 보상물로 사용하는 것은 좋은 생각이 아니라고 본다. 개는 자신이 하고 싶은 대로, 또는 간식을 먹기 위해서가 아니라 방광과 장 운동을 조절해서 주인이 원하는 시간과 장소에 배설하는 법을 배워야 한다.

음식을 보상으로 이용하면 배우는 것보다 간식 먹는 일에 더 많은 관심을 보일 것이다. 게다가 주인으로부터 지시와 칭찬을 받기 위해 있는 힘껏 노력하며 열성을 보이는 개라면 유혹하기 위해서 먹이를 사용할 필요가 없다. 물론 훈련 프로그램이 끝나면 간식을 주어도 좋다. 그러나 정기적으로 주지는 말라.

칭찬의 위력을 이해하고 실수를 너그럽게 교정하면서 일관성 있게 칭찬한다면, 겁을 집어먹고 어쩔 수 없이 주인의 말에 따르는 것이 아니라 스스로 만족해하는 개와 삶을 공유할 수 있게 될 것이다.

훈련에는 사랑과 인내심이 필요하다

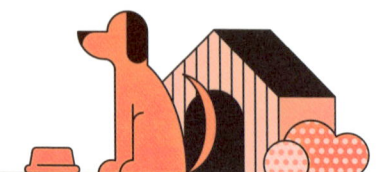

개가 7일 훈련 프로그램 기간에, 또는 그 이후에라도 실수를 하는 것은 당연하다. 가장 효과적으로 벌을 주려면 개가 문제 행동을 하고 있을 때 그 자리에서 지적해야 한다. "안 돼!" 라고 소리치고 시끄럽게 하면서 주의를 흩뜨린다. 빈 깡통에 동전을 6~8개 정도 넣고 테이프로 뚜껑을 막아, 개의 주의를 환기시키는 도구로 적절하게 사용할 수 있다. 깡통을 흔들어 시끄러운 소리로 개의 주의를 분산시킨다. 그 다음 개를 안고 밖으로 데리고 가라. 안고 가기에 너무 무거우면 개를 집 밖의 배설 장소로 데리고 간다.

개를 놀라게 해서 집 안에서 하던 행동을 멈추고 집 밖에서 배설을 끝마치게 만드는 것이 목적이다. 개가 제대로 하면 후하게 칭찬해주지만, 안에서 배설을 해버리면 말로 야단치고 즉시 밖으로 데리고 간다. 다시 배설할 수는 없겠지만, 정해진 배설 장소를 가리키고 개가 그곳의 냄새를 맡으면 칭찬을 하라. 이러한 행동의 목적은 "집에서 실수를 하면 야단을 맞는다. 하지만 집 밖으로 나가서 배설하면 칭찬을 듣는다."와 같은 반응 패턴을 일으키는 것이다.

집 안에서 개가 잘못된 행동을 하고 있을 때 즉시 붙잡지 못하더라도 행동은 교정할 수 있다. 많은 훈련사들은 개가 잘못된 행동을 하는 도중이 아니면 야단치지 말라고 한다. 행동과 결과는 밀접한 관계가 있어서, 개는 과거의 실수 때문에 벌을 받는다는 것을 이해하지 못하기 때문이다.

이 말은 일반적으로 옳지만, 나는 이 원칙이 실외 화장실 훈련에 적용된다는 점에는 동의하지 않는다. 이 경우 오줌 자국이나 배설물 더미가 증거로 남기 때문이다. 제일 좋은 카펫 위에서 그런 물증을 발견한다면, 확신컨대 분명 개는 어떻게 이런 일이 일어났는지 정확하게 인식하고 있을 것이다.

그러나 이 경우 개는 자신이 왜 벌을 받는지 이해하고 자기의 실수와 질책을 연관 지을 수 있어야 한다. 벌을 주려 할 때 결코 이름을 부르거나 "이리 온"이라고 말하지 말라. 개는 항상 자기 이름과 "이리 온"이라는 명령을 유쾌한 경험과 연결한다.

우선 목줄을 잡고 범죄 현장으로 성큼성큼 끌어간다. 손가락으로 지적하면서 배설물 냄새를 맡게 한 다음 적절한 말로 질책하라. "카펫에 이게 뭐니!" 또는 "지저분해라. 왜 그랬어!" 등의 말을 하면 개가 수치심을 느낀다. 적절한 말로 질책하면 큰 효과를 볼 수 있으며, 알맞은 억양을 사용하면 개에게 주인이 얼마나 기분 나쁜지 정확하게 전달할 수 있다.

훈련은 벌이 아니다. 단호한 목소리로 "안 돼!"와 "왜 그랬어!"라고 말하는 것만으로도 잘못을 고칠 수 있다. 개의 코를 배설물에 대고 문지르거나 손으로 또는 둘둘 만 신문지로 개를 때리는 등, 어떤 식으로든 물리적으로 개를 학대하면 절대 안 된다. 물리적 처벌은 항상 유익함보다 해로움이 더 많고 실외 화장실 훈련이나 실내 화장실 훈련의 경우에는 물리적 처벌을 가할 경우 학습 과정이 지체될 뿐이다. 끊임없이 때리거나 소리를 지르다 보면 개는 주인의 화를 피하기 위해 행동하고, 그러한 부정적인 행동은 개의 성격과 행동 양식에 영향을 미쳐 개가 주인을 혐오하게 만들 수 있다.

개가 계속 실수를 하면 산책이나 배설 계획을 변경하여 배설 장소로 더 자주 데리고 가거나 집 안에서 자유를 제한함으로써 잘못된 행동을 저지를 수 있는 기회를 줄여주어야 한다.

배설물과 냄새
제거하는 법

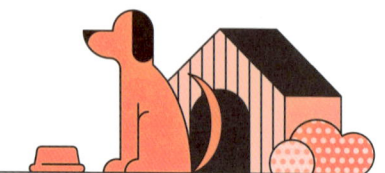

훈련 기간이나 그 이후에도 당분간 개는 실내에서 이따금씩 뜻밖의 사고를 저지를 수 있다. 이때 바로 배설물을 치우고 남아 있는 냄새를 제거하여 주변의 악취를 없애는 것은 당신의 책임이다. 청소를 할 때 냄새 제거하는 일을 잊어버린다면, 개가 냄새를 맡고(사람은 맡을 수 없더라도) 실수한 장소로 다시 돌아와 반복해서 같은 장소에 용변을 볼 것이다.

개의 후각은 사람보다 몇 배나 더 예민해서 배설물 냄새에 강한 유혹을 받는다. 집 안이나 집 밖에서, 개는 자기 자신이나 다른 개가 전에 배설한 장소에 볼일 보는 것을 좋아한다. 이는 개가 구역을 표시하는 방법으로, 특히 수컷에게서 흔히 볼 수 있다.

비닐, 타일, 리놀륨이나 이와 유사한 표면으로 된 바닥은 청소하기 쉽다. 소변을 휴지로 흡수하거나 대변을 치우고 거품 세척제와 린스로 바닥을 걸레질하고 물기를 없앤다. 시중에서 판매되는 냄새 중화제를 몇 방울 떨어뜨리면 남아 있는 냄새가 완전히 제거된다. 그런 제품은 향기로 냄새를 감추는 것이 아니다. 제대로 사용하면 개가 더 이상 냄새를 맡을 수 없도록 냄새를 완전히 없애준다.

카펫 위에 소변을 봤을 경우 최선의 해결 방법은 그 부분을 휴지로 덮고 최대한 물기를 흡수하도록 휴지 위에 서 있는 것이다. 소변 자국에 찬물을 약간 붓고 습기가 모조리 흡수될 때까지 마른 종이로 같은 일을 반복한다. 개의 용변 자국을 처리하는 카펫 세정제 및 냄새 제거제를 쓰거나 화이트 식초와 물을 1:1로 섞은 용액을 사용하면 남아 있는 소변이 중화된다. 화이트 식초와 물을 사용할 경우 미리 카펫의 작은 부위(안 보이는 부분)에 시험해서 용액을 묻혀도 자국이 남지 않는지 확인한다.

깔개의 배설 자국을 제거할 때 소다수를 사용할 수도 있다. 소다수는 소변을 중화하는 데는 도움이 되지만 냄새를 없애지는 못하기 때문에, 냄새를 제거할 때는 소다수를 사용하지 않는다. 개가 반복해서 실수하지 못하게 하기 위해 카펫 세정제나 냄새 제거제로 배설물 자국을 제거한다. 냄새 제거제가 없으면 갖고 있는 다른 세정제라도 사용한 다음, 더러워진 부분이 마르면 카펫 냄새 제거제를 뿌려 남아 있는 냄새를 중화시킨다.

개가 실외에서 배설하도록 훈련이 되면, 주인은 개가 일을 마친 후 배설을 치우는 책임을 맡게 된다. 청소는 개의 건강을 위해 필수적으로 해야 하는 일이다. 개가 뒷마당을 사용할 경우에는 호스로 쉽게 청소할 수 있는 장소를 사용하도록 훈련한다. 특히 개가 보도 위나 누군가의 잔디밭에 실수했을 때는 지체하지 말고 배설물을 제거해야 한다.

많은 도시에서 개의 배설물을 제대로 치우지 않을 경우 개 주인에게 벌금을 부과하는, 개 배설물 처리법을 적용하고 있다. 동물의 배설물 더미는 보기에도 불쾌하고 냄새가 날 뿐 아니라, 질병을 유발할 수 있다. 배설물(배설물 아래 토양)은 많은 종류의 기생충 유충으로 오염되어 있으며 종류에 따라서는 외부 환경에 관계없이 얼마간 생존해 있는 것도 있다.

배설물을 정기적으로 제거하지 않으면, 건강한 개도 기생충 유충이 들어 있는 다른 개의 배설물이나 그 밑의 흙을 먹고 감염될 수 있다. 배설물의 냄새를 맡다 코에 기생충 알을 묻히기도 하고 겉을 핥다가 기생충 알을 삼켜서 감염되기도 한다. 무서운 파보바이러스는 개 배설물을 통해 전염된다.

책임감 있는 개 주인이라면 항상 주의를 기울여 뒤처리를 해야 한다. 애견 용품점에서 다양한 '배설물 처리용 삽'을 구입할 수 있다. 하지만 그런 볼품없이 생긴 기구를 가지고 다닐 기분이 들지 않는다면 개를 산책시키러 나갈 때마다 주머니에다 비치지 않는 작은 봉지 몇 개를 넣어두라. 개가 배설하면 봉지를 꺼내서 장갑처럼 손에 씌우고 배설물을 집어 들라. 열린 쪽으로 봉지를 벗은 후 가까운 쓰레기통에 버리면 된다.

핵심포인트

실외 화장실 훈련 또는 실내 화장실 훈련을 위한 7일 프로그램은 다음 6가지 원칙에 기초를 둔다.

1. 규칙적인 식사 습관 들이기
2. 개가 배설하기를 원하지 않는 '거주지'에 가두기
3. 실외 산책 계획, 혹은 실내 화장실 훈련 계획을 철저하게 지키기
4. 충분히 칭찬하기
5. 올바른 교정 훈련법 사용하기
6. 신속하게 냄새 없애주기

PART III
화장실 훈련의
문제점과 해결법

건강 문제

개가 실외 화장실 훈련이나 실내 화장실 훈련을 거부하거나 훈련 중 퇴행을 보이는 데는 여러 가지 이유가 있다. 문제가 무엇이건 간에 즉시 그리고 확실하게 교정하라. 고집이나 퇴행을 무시한다면, 그것은 화를 자초하는 일이다. 어떤 실수라도 버릇으로 굳어지지 않도록 예방하기 위해서는 신속하게 조치를 취해야 한다.

7일 프로그램은 개의 건강 상태가 매우 양호하다는 것을 전제로 한다. 개가 질병에 걸리면 훈련 프로그램이 지연되거나 어긋난다. 신장이나 방광에 문제가 있으면 소변을 참기 힘들고 고통스러울 수 있다. 장기에 장애가 있으면 설사나 혈변을 일으킬 수 있다. 개는 사람만큼 배설을 조절하지 못한다는 점을 이해하라.

훈련 프로그램이 효과가 없거나 구토, 식욕 부진 또는 물 섭취량 변화, 생식기 돌출, 과로, 대소변이 빈번해지거나 피가 섞여 나오는 것, 발열(39도 이상) 등의 증상이 나타나면 즉시 수의사의 검진을 받도록 하라.

영양 문제

화장실 훈련을 진행하는 과정에서 영양 부족이나 갑작스런 사료의 변화 때문에 문제가 발생할 수도 있다. 새로운 사료로 바꾸어야 할 경우, 혼란이나 퇴행을 방지하기 위해 서서히 진행하는 것이 좋다. 우선 새로운 사료를 기존의 사료와 소량만 혼합한다. 한 주에 걸쳐 새로운 사료의 양을 점점 늘리고, 결국 마지막에는 새로운 종류의 사료만 먹인다.

개의 영양 문제에 대해서는 수의사에게 상담하고, 특히 개의 신장에 문제가 생겼을 때는 주저하지 말라. 수의사가 신장 기능이 손상된 개를 위해 세심하게 균형을 맞추어 특별하게 처방한 먹이를 권해줄 수 있을 것이다.

개들도 변비로 고생한다?

사람처럼 개들도 변비로 고생하기도 합니다. 개들이 변비, 즉 배설 불량을 일으키는 가장 큰 원인으로 수분 섭취량의 부족을 꼽을 수 있습니다. 수분이 부족하면 소변을 충분히 만들지 못해 노폐물이 체내에 쌓여 여러 가지 증상을 일으키게 됩니다. 평소에 물을 잘 마시지 않는 개일수록 배설 불량을 일으키기 쉽습니다.

소변의 색이 너무 진하다면 수분이 부족하다고 볼 수 있습니다. 이런 개들은 운동도 별로 하고 싶어 하지 않고 몸 전체의 대사가 나빠지다 보니 배설 능력이 떨어진 것입니다. 그러므로 무엇보다 평소에 수분이 부족해지지 않도록 충분히 물을 마시도록 하는 것이 좋습니다.

배설 문제로 고생하는 원인 중 과식에 의한 비만도 있습니다. 체지방이 늘어나면 대사 능력이 떨어져서 노폐물이 체내에 쉽게 쌓이는 몸으로 변하는 것입니다. 이럴 때는 식사 조절과 운동이 절대적으로 필요합니다.

배설 문제가 있으면 개들 중에는 피부병을 앓는 경우도 많습니다. 체내에 수분이 부족하다 보니 피부가 건조해져서 탄력이 사라지고 거칠거칠해집니다. 이럴 때에는 자주 목욕을 시켜 몸을 항상 청결하게 유지시켜주는 것이 좋습니다.

개와 갓난아기

실외 화장실 훈련과 실내 화장실 훈련에서 나타나는 문제는 근본적으로 감정과 관련되어 있을 수도 있다. 다른 애완동물이 들어온다거나 아기가 새로 태어나거나 심지어 집에 손님이 오기만 해도, 개는 자신의 구역을 침범당한다고 느껴집 안 여기저기에 배설하기 시작할 수 있다.

한 마리 이상의 개나 개와 고양이를 한 마리씩(놀랍게도 이들이 개 두 마리보다 더 가까운 친구가 될 수 있다) 키울 계획이라면 몇 가지 고려할 사항이 있다. 새로 데려온 동물의 성격과 현재 키우는 동물의 감정적 반응에 따라 다르긴 하지만, 개와 개, 개와 고양이는 평화롭게 공존하는 법을 배울 수 있다. 두 마리의 개를 기를 경우, 나중에 들어온 개의 성별이 다르면 더 쉽게 적응한다. 몇 번 사소한 다툼이 일어나기도 하지만 성별이 다른 개 사이에는 적대감의 정도가 심하지 않다.

적응 기간에는 상식을 동원하도록 하라. 새로운 존재가 나타나 그 녀석에게 온통 관심이 집중되면, 원래 살던 개는 아마도 위협을 느낄 것이다. 따라서 첫 번째 개에게 더욱 많은 애정을 기울이고 아낌없이 칭찬해주어야 한다. 개가 변함없이 가족의 사랑을 받고 있다고 느끼면, 이제 당신은 첫 번째 개의 감정을 상하게 하지 않고 새로 들어온 동물에게 관심을 보일 수 있다.

개들은 자신만의 보금자리가 필요하며, 먹이를 놓고 싸움을 벌이는 일이 없도록 충분히 떨어뜨려 놓고 전용 밥그릇을 주어야 한다. 두 동물이 사이좋게 지낸다는 확신이 없다면 지켜보는 사람이 없을 때는 서로 떨어뜨려놓는 것이 좋다. 그리 오래지 않아 두 동물은 일상생활에 적응하게 될 것이다.

아기의 존재는 개에게 감정적으로 상처를 줄 수 있다. 특히 자신이 가족의 '유일한 아기'라고 생각하고 있던 개의 경우는 더욱 그렇다. 개가 어린아이에게 익숙하지 않은 상태라면 친구에게 집에 아기를 데리고 와달라고 부탁하라. 개와 어린 아이의 상호작용을 관찰함으로써 개가 앞으로 어떻게 행동할지 짐작할 수 있다.

개를 통제하기가 쉽지 않다면 아기가 태어나기 전에 순종 훈련 프로그램을 시작하는 것도 좋은 방법이다. 되도록 출산을 앞둔 여성이 직접 훈련에 참가하도록 한다. 그녀야말로 혼자서 개와 아기와 함께 많은 시간을 보내게 될 것이기 때문이다. 엄마가 아기를 안아줄 때, 젖을 먹일 때, 아기를 옮길 때 동시에 개가 앉아 있거나 움직이지 않고 가만히 있거나 엎드려 있도록 통제할 수 있는 것이 필수적이다. 순종 훈련법은 아기가 기기 시작하거나 바닥으로 장난감을 던지며 놀기 시작할 때도 도움이 된다.

아기를 집으로 데리고 오면 개의 호기심이 왕성해질 것이라고 미리 예상할 수 있다. 개와 아기를 서서히 대면시키되 개와 아기 둘만 같이 있도록 놔두면 안 된다. 아기 침대나 요람으로 개를 데리고 와서 지켜보게 하면서 개를 충분히 칭

찬하고 쓰다듬어준다. 개가 물러서거나 강아지 같은 행동을 시작한다 해도 개의치 말라. 아무리 행실이 바른 개라 할지라도 많은 경우 새로 아기가 생기면 카펫에 한두 번씩 '실수'를 한다.

개가 어떤 방식으로든 문제 행동을 보이거나, 개를 지켜볼 수 없는 상황이라면 거주지에 가두어놓는 것이 낫다. 갑자기 개를 무시하지 말라. 그러면 개는 큰 혼란을 느낄 것이다. 모두가 아기를 보면서 기뻐할 때 개를 가둬놓는 것은 질투심을 조장할 뿐이다. 개에게 최대한 많은 관심과 애정을 베풀라. 머지않아 곧 안정을 되찾을 것이다.

내 고객이었던 페니와 톰 영 부부의 경우가 완벽한 사례가 될 수 있을 것이다. 그들은 토머스라는 이름의 두 살짜리 코커스패니얼을 키웠는데, 강아지 때부터 매달 우리 애견센터에서 미용을 해주었다. 당시 페니는 첫 아기를 임신하고 있어서 예약을 해놓고 토머스를 두 번이나 데리고 오지 않아도 그리 대수롭지 않게 생각했다. 그러나 석 달이 지난 후에도 소식이 없어서 나는 무슨 일이 있는지 알아보려고 전화를 했다.

"말도 마세요."라고 페니가 하소연하듯 말했다. "아기를 낳은 후부터 정말 지독한 사태를 겪어서 지금 톰은 토머스에게 새 집을 찾아주고 싶어 해요."

"무슨 일인데요?"라고 나는 물었다.

페니는 가족의 사랑을 독차지하다가 아기가 태어나서 삶이 완전히 갑작스레 변해버렸을 때 개가 보이는 전형적인 증상에 대해 설명했다. 페니와 톰은 토머스를 여전히 사랑하지만, 아기가 생긴 기쁨에 들떠 개의 존재를 잊어버렸던 것이다. 토머스는 낙담한 나머지 예전처럼 시간에 맞춰 먹으려 들지 않았다. 게다가 나름대로 관심을 얻기 위해 집 안 곳곳에 대소변을 배설하고 다니게 되었던 것이다. 갑자기 집에서 제멋대로 행동하기 시작한 토머스는 쫓겨나 주인과 동떨어진 곳에 감금되고 말았다.

페니와 톰은 토머스와 헤어지기를 원하지 않았다. 다행스럽게도 그들은 자신들의 실수를 깨달았고, 나와 함께 토머스를 위해 적응 프로그램을 만들었다. 그것은 토머스가 자신감을 회복하고 다시 가족의 일원임을 느낄 수 있는 프로그램이었다. 그들은 토머스를 아기 가까이에 자주 오게 만들어 그 행동을 충분히 칭찬해주고, 토머스가 좋아하는 여러 가지 게임과 활동을 함께하는 시간을 마련했다.

페니가 아기를 산책시키러 데리고 나가면 토머스는 유모차 옆에서 당당하게 걸었다. 그들은 매달 한 번씩 애견 클럽에 토머스를 데리고 나와 미용을 해주기 시작했고, 집에서 정기적으로 빗질을 해주면서 칭찬을 아끼지 않았다. 이제 페니의 가족은 아이가 셋이고, 그들 가족과 토머스는 서로를 존중하여 더할 나위 없이 조화롭게 사는 법을 배웠다.

그러나 개가 끝내 아기를 받아들이지 못하면 전문 훈련사와 상담하고, 또 개가 호전적인 면을 보이면 새 가정을 찾아줄 것을 고려하는 것이 좋다.

어떤 개들은 화풀이나 분노의 표현으로 실내에서 배설하기도 한다. 주인이 오랫동안 집을 비울 때 화가 나서 훈련을 받은 후에도 일부러 실내에 배설하는 경우도 있다. 이렇다면 밖에 나가 있는 동안 개를 작은 거주지, 개 우리나 철망 출입구 뒤에 가두는 방법밖에 없다. 또 어린아이와 마찬가지로, 가족 간의 마찰과 충돌을 겪은 후 행동이나 감정상의 문제를 일으킬 수 있다. 주인이 다른 가족 구성원이나 친구에게 언성을 높일 때마다, 개는 당황한 나머지 긴장을 해소하기 위해 실내에 배설하기도 한다.

시골 개
vs 도시 개

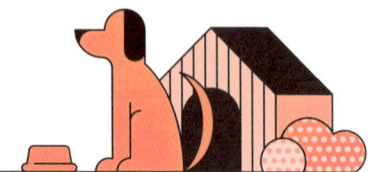

새 가정에 입양될 경우, 개는 실외 화장실 훈련의 퇴행 현상을 보이기도 한다. 도시에서 교외나 시골로 이사를 하는 것은 개가 포장도로가 아닌 풀밭 위에 배설하게 될 거라는 뜻이다. 시골 개가 도시로 이주했을 경우만큼 힘든 변화는 아니지만, 두 경우 모두 정확한 산책 일정을 세운 뒤 개를 제시간에 데리고 나가 배설할 때 칭찬을 듬뿍 해주어야 한다.

 도시에서 개를 기른다는 것은 큰 책임이다. 도시의 생활이 활기차다고 생각할지도 모르지만, 사실 개에게 끊임없는 소음, 엄청난 교통량, 경적 소리, 수많은 인파, 엘리베이터, 콘크리트 도로는 헤어나기 어려운 정신적 충격이 될 수 있다. 공동 주택에 사는 개는 거주하는 집에서뿐만 아니라 홀, 엘리베이터, 로비 등에서도 배설 본능을 억제하는 법을 배워야 한다. 처음 며칠간 개를 밖으로 데리고 나갈 수 있다면, 개에게 마지막 순간까지 배설을 참아야 한다는 사실을 가르치는 데 도움이 된다.

시골 개에게 도시의 도로를 사용하도록 재훈련하는 데는 몇 주의 시간이 소요되며, 불굴의 인내심이 필요할 수 있다. 남편과 내가 개의 실외 화장실 훈련 문제를 가장 심각하게 겪었던 때는 우리가 교외에서 맨해튼으로 이사했을 때였다. 다른 개들은 모두 도시 생활에 재빨리 적응했는데, 5살짜리 가필드는 그렇지 못했다. 가필드는 강아지 때 목줄 훈련을 받았지만 집 밖으로 따로 데려갈 필요도 없이 항상 조용하고 담이 쳐진 넓은 뒷마당에서 자유롭게 배설을 했다. 그러다 갑자기 자유와 평온이 사라지고 목줄에 매여, 더구나 소음으로 가득 찬 뉴욕 한복판 콘크리트 바닥에 용변을 보도록 강요받게 되었던 것이다.

하운드종Hounds은 한결같은 성격이라고 하더니, 가필드는

혈통에 걸맞게 몇 주 동안 변화를 거부했다. 어찌나 완강하던지 배설을 억지로 참다 잘못되지나 않을까 걱정할 정도였다. 퇴행 현상까지 보이며 거실에 놓인 거친 털 카펫을 소란한 거리보다 훨씬 편안한 배설 장소로 여겼다. 몇 주 동안 일관성 있게 계획을 이행하고, 인내심을 가지고 여러 번 긴 산책을 반복한 끝에 결국 성공을 거둘 수 있었다.

마침내 개가 집 밖에서 볼일을 보았을 때 우리는 개에게 칭찬을 마구 퍼부어주었다. 또 개를 상점, 보도 옆 레스토랑 등 사방으로 데리고 다니며 소음과 인파에 적응할 수 있도록 만들었다. 여기서 핵심은 '포기는 금물'이라는 것이다. 가필드는 결국 가장 도시적인 개가 되었다. 택시 타는 것을 좋아하게 되고 백화점에서 사람들의 관심이 자신에게 집중되는 것을 즐기게 되었다.

습관적으로
특정 장소 더럽히기

내게 브랜디라는 몰티즈Maltese를 키우는 친구가 있었는데, 그 개는 거실 카펫의 특정한 곳에 방뇨하는 걸 좋아했다. 주인이 오줌 자국을 종이로 흡수한 후 청소하고 살균을 해도 항상 똑같은 일이 벌어졌다. 브랜디는 같은 장소에 방뇨와 배설을 계속했다. 상황이 전혀 나아질 기미를 보이지 않자 주인은 마지막 수단으로 '특정 장소에서 먹이 주기 프로그램'을 시도해보기로 했다. 결국 프로그램 이행 후 문제가 해결되었고, 브랜디와 주인은 그 이후 줄곧 행복하게 잘 지내고 있다.

개가 집 안의 특정 장소에 반복해서 배설할 경우, 주거 동물은 습성상 먹는 장소에 배설하는 것을 꺼린다는 점을 기억한다면 문제의 해결법은 간단하다. 즉 개가 배설을 한 장소에서 먹이를 주라. 끼니와 끼니 사이, 배설한 곳에 밥그릇을 놔두어서 개가 또다시 같은 장소를 더럽히지 못하게 하라. 적어도 7일 동안 특정 장소에서 먹이 주기 프로그램을 계속한 다음, 다시 개가 늘 먹던 장소에서 먹이를 주기 시작한다.

개의 나쁜 버릇이 재발하면 문제가 해결될 때까지 프로그램을 다시 시작해야 한다. 포기하지 말라. 나이 든 개가 이런 버릇이 있을 때, 제대로 교정하려면 때로는 무려 6주의 시간이 걸릴 수도 있다.(특정 장소에서 먹이 주기 프로그램은 고양이의 배설 문제를 해결하는 데도 사용할 수 있다.)

'오줌 지리기'와
굴종 행동

어떤 강아지나 개는 어루만져주려고 몸을 굽힐 때, 벌을 줄 때, 나갔다가 집에 돌아왔을 때, 또는 친구가 놀러 왔을 때 오줌을 약간 지리는 수가 있다. 서 있으면서 오줌을 흘리거나 배를 드러내고 뒹굴면서, 혹은 생식기를 주인에게 내보이면서 오줌을 싼다.

그런 행동은 화장실 훈련 문제라기보다는 과잉 순종 성향과 관련이 있다. 오줌을 흘리는 행위는 굴종 행동의 한 요소로, 서열이 낮은 개가 자기보다 우세한 개나 사람에게 종종 보이는 반응이다. 개는 자신이 오줌을 싸고 있다는 사실을 모른다.

다시 말해 이 행위는 무의식적인 반사 행동인 것이다. 따라서 꾸짖음, 체벌, 오줌에 대고 코 문지르기, 기타 위압적인 처벌은 이 문제를 해결하지 못한다. 개의 자신감을 높여주고, 굴종적인 배뇨 행위를 일으키는 행동을 자제하는 것이 해결 방법이다.

◆ 몸을 숙이거나 개에게 인사를 건넸을 때 방뇨를 한다면 그런 행동을 하지 말아야 한다. 대신 웅크리고 앉아 개가 위압감을 느끼지 않도록 해주라.

◆ 개의 머리에 손을 얹지 말고 손바닥을 위로 해서 개의 턱이나 목 부분을 받쳐주도록 하라. 이렇게 하는 것이 머리 위에 손을 얹는 것보다 훨씬 덜 위협적이다.

◆ 개를 어루만져주거나 밥을 놓아줄 때 "착하지!"라고 말하라. 개가 올바른 행동을 할 때마다 최대한 칭찬해주고 "착하지!"라고 말해준다.

◆ 외출했다가 돌아왔을 때 바로 개에게 인사하지 말고, 개와 눈을 마주치지 말라. 눈을 마주치는 것은 지배적

인 행동과 관련되어 있기 때문에 자신이 열위에 있다고 생각하는 개를 위협하여 방뇨하게 만들 수 있다. 먼저 개의 머리 위쪽을 쳐다본다. 개가 반가워서 펄쩍펄쩍 뛰더라도 적어도 5분간은 이를 받아주지 말라. 그러다 개에게 가까이 갔을 때는 몸을 아래로 숙이지 말고 웅크려 앉는다.

◆ 방문객에게 개를 보고 인사하지 말고 바로 자리에 앉아 개를 무시하라고 미리 주의를 주는 것이 좋다. 개가 손님 쪽으로 다가왔을 때 손님은 부드럽게 말을 걸어도 좋지만 눈은 마주치지 말아야 한다. 어떤 경우에라도 방문객 쪽에서 먼저 개에게 다가가서는 안 된다.

◆ 체벌이나 거친 어조를 피하고, 특히 과거에 방뇨를 한 적이 있다면 더욱 주의해야 한다.

위와 같은 제안 사항들을 충실하게 이행하면 며칠 안에 변화를 감지하게 된다. 문제가 있으면 4~6주 안에 교정해야 한다.

다리를 쳐드는 개

화장실 훈련 문제 가운데 가장 심각한 것은 수컷 개가 가구에 방뇨하기 위해 다리를 쳐드는 경우이다. 대개 실외에서 배설하고 돌아오자마자 이런 일을 저지른다. 또 몇 년간 주인을 힘들게 만든 어른 개가 다리를 쳐드는 행동을 보일 가능성이 많다.

고질적으로 다리를 쳐드는 행위는 자신의 구역임을 확인한다는 의미를 담고 있다. 새로 태어난 아기, 새로 들어온 애완동물 또는 집 안의 방문객을 질투하여 자신의 우월함을

증명하고 싶다는 표시이다. 아니면 단지 자신이 우위에 있다는 것을 나타내는 것이기도 하다.

개는 어떤 장소, 물건, 때로는 다른 동물이나 사람에게 다리를 쳐들고 방뇨함으로써 영역을 표시한다. 다리 쳐들기는 수컷에게서 흔하지만, 때로는 암컷에게서도 나타난다. 영역 표시는 개의 정상적인 행동 양식이다. 이는 구역 안에서 다른 개에게 자신의 존재를 알리고, 또 반대로 배설 자국을 감지한 개에게는 수상한 동물이 가까이에 있으며 방금 전에 지나갔다는 사실을 알려주는 '흔적'이다. 야생 상태에서 개의 영역 크기는 일반적으로 세력을 나타낸다. 우위에 있는 개는 최대한 영역을 넓게 표시하며, 반면 열위에 있는 개는 자신이 방어할 수 있는 공간일 경우에만 방뇨한다.

다리를 쳐드는 행동을 계속할 경우, 집 안에서만 살던 개를 밖으로 데리고 나가 영역을 표시할 기회를 부여하는 방법으로 교정할 수 있다. 그러나 이 문제를 해결하는 데는 대개 여러 달이 소요되며, 이 과정에서 주인의 우월성을 확실하게 각인시켜야 한다. 시작하기 전에 개를 가둘 우리를 구입해야 하고 가구, 카펫, 커튼 등에서 오줌 냄새의 흔적을 남김없이 제거한다. 앞서 100쪽에서 말했던 세정 및 냄새 제거 요령을 이용하라. 그러나 이러한 행동이 몇 개월 또는 몇 년간 계속되어 집 안에 냄새가 배었다면 가구 청소 전문가의 서비스를 받아야 할 것이다.

화장실 훈련 [프로그램 1] 또는 [프로그램 2](3~6개월 된 강아지)에 따라 다리를 쳐드는 습관을 교정하라. 주인이 집에 있는 동안 개를 우리(또는 철망 출입구를 친 작은 욕실)에 가두고 계획에 따라 정해진 시간에 맞춰 성실하게 개를 데리고 밖으로 나간다. 주인이 집에 있을 때는 개가 영역 표시를 하지 않는다는 사실을 알게 되면 우리나 욕실에서 풀어주어도 되지만, 항상 가까이에서 감시를 게을리하지 않도록 하라. 집 밖에 나갈 때는 늘 개를 가둔다. 주인이 지켜보고 있는 와중에도 실수를 하면 목줄을 잡아채고 단호하게 잘못을 지적하거나 개가 어릴 경우 개를 안고 흔들면서 매정한 목소리로 실망감을 표시하라.(제발 매질은 삼가라.) 그런 다음 개를 우리에 가두고 다음 산책 시간까지 무시하라.

자국이 생긴 지점을 완전히 닦고 냄새를 제거해 개가 다시 그곳으로 가고 싶은 유혹을 받지 않게 하라. 이때가 바로 순종 훈련을 시작하기에 알맞은 시기다. 이 훈련은 주인과 개 사이에 바람직한 관계를 만들어주고, 주인이 보다 일관성 있는 '무리 지도자'가 될 수 있게 해준다. "이리 온" "따라와" "앉아" "그대로 있어" "엎드려"와 같은 기본적인 명령을 가르쳐서 개의 행동을 통제할 수 있다.

재훈련을 완전히 끝마치기 전에 너무 급하게 개에게 집안을 돌아다니도록 허용하면 안 된다. 그러면 예전 버릇으로 돌아갈 것이다. 재훈련 과정이 몇 주 동안 순조롭게 진행되면 개에게 가끔씩 실내에서 자유 시간을 준다. 그렇지만 주의 깊게 지켜보아야 한다. 이때는 단호함이 필수적이다. 단 한 번 실수하더라도 몇 주 동안 완벽한 성과를 보일 때까지는 다시 우리에 가두기와 산책 프로그램을 실천하라. 주인이 약간의 끈기와 인내심을 보여주면 개는 실내에서 방뇨를 하지 않고 자유를 얻는 법을 배울 것이다.

하지만 재훈련 과정도 소용없다면 전문 트레이너나 수의사에게 호르몬 요법이나 중성화 수술에 대해서 상담해보는 것도 방법이다. 호르몬 요법은 거세되지 않은 수컷에게서 나타나는 영역 표시 행동을 줄여줄 것이다. 중성화 수술은 수컷 개의 60~70퍼센트에서 다리 쳐드는 행동을 줄여준다는 연구 결과가 있다. 또한 중성화 수술로 개의 공격성이 줄어들고 방황하는 버릇이 없어질 뿐 아니라 더 온순해지는 사례가 많다.

앞에 열거한 문제들 중에서 하나라도 경험을 해본 주인이라면 실망할 필요는 없다. 오히려 이런 문제를 하나라도 경험했다면, 인내와 이해심을 조금만 발휘하면 놀라운 효과를 거둘 수 있다는 점을 명심하라. 개는 멍청하지 않다. 교정 훈련에 열성적으로 반응하는 지능이 뛰어난 동물이다.

화장실 훈련의
기본 규칙 15가지

훈련 과정을 실천하기 전에 이 책을 처음부터 끝까지 읽었다면 7일 훈련 프로그램의 개념을 이해할 수 있을 것이다. "그렇지만 이건 너무 무자비해." "내 강아지를 우리에 가둘 순 없어."라고 말하는 사람도 있을 것이다.

그러나 천만의 말씀! 나는 7일 프로그램을 사용하여 수많은 개를 훈련시켰다. 그리고 개들은 훈련 시간에 만족한 듯한 모습이었고 완벽하게 화장실 훈련을 마쳤으며 지금은 한결같이 가정 생활에 잘 적응하고 있다.

이 프로그램을 단 7일 동안만 시도해보라. 모든 것을 제대로 하기만 한다면, 이 프로그램이 매우 합리적인 방법이며 틀림없이 효과가 있다는 점을 알게 될 것이다. 그리고 당신이 훈련한 개가 어른 개로 자라면 배설 횟수가 줄고 실외 배설 또는 실내 배설 시간이 정해질 수 있다. 또한 훈련소가 아니라 집에서 하는 화장실 훈련이 효과가 있다는 점을 명심하기 바란다. 왜냐하면 주인의 사랑과 배려 속에서 훈련을 받을 수 있고, 특히 개의 주거지가 바로 지금 살고 있는 집이기 때문이다.

다음과 같은 몇 가지 기본 규칙을 기억해두자.

◆ 개는 우두머리를 추종하는 본능이 강한 무리 동물이기 때문에 훈련하기 쉽다. 개 고유의 행동 본능을 이해한 후에 본능을 거스르지 말고 순응시키는 방식으로 훈련하라.

◆ 생후 14주 이하의 강아지는 괄약근 조절 능력이 완전하지 않기 때문에 완벽한 실외 화장실 훈련이나 실내 화장실 훈련을 기대할 수 없다. 아주 어린 강아지는 내장과 방광 운동을 오랫동안 참지 못한다.

◆ 실외 화장실 훈련 또는 실내 화장실 훈련 중에서 각자의 생활양식에 적합한 형태를 결정하라. 그리고 결정된 프로그램에 따라 가족 구성원 모두가 일관성을 가지고 훈련에 임해야 한다. 그래야만 훈련을 신속하게 진행할 수 있고, 개도 프로그램에 보다 잘 순응할 수 있다.

◆ 일정한 계획에 따라 영양가 있는 먹이를 제공하면 개는 일정한 시간에 배설할 것이다.

◆ 훈련 기간에는 간식이나 먹다 남은 요리를 먹이지 말아야 제대로 훈련 효과를 볼 수 있다.

◆ 개가 실외 화장실 및 실내 화장실 훈련을 완벽하게 소화할 때까지 신체 기능을 조절하도록 가르치는 가장 좋은 방법은, '거주지'를 만들어주고 집 밖에 나가거나 자유 시간이 될 때까지 그 안에 가두는 것이다. 거주지 밖에 있을 때는 항상 강아지를 감시해야 한다.

◆ 방 한쪽 구석(실내 화장실 훈련용) 또는 실외 장소(실외 화장실 훈련용)를 배설 장소로 선택해 그 장소를 일관성 있게 사용한다.

◆ 매일 아침 일어나자마자, 매끼 식사와 물 섭취 후, 낮잠 후, 놀이 시간 또는 운동 후, 그리고 잠자리에 들기 전

에 개를 배설 장소로 데리고 가라.

◆ 그 사이에 낑낑거리며 불안한 행동을 하거나 마룻바닥에 코를 대고 킁킁거리며 냄새를 맡는다거나 한군데서 맴도는 등의 신호를 보내지 않는지 늘 경계를 늦추지 말라. 그런 행동을 보이면 즉시 개를 배설 장소로 데리고 가라.

◆ 개가 정해진 자리에 배설을 할 때마다 아낌없이 칭찬하라.

◆ 먹이가 아닌 칭찬으로 보상하라.

◆ 개가 일을 본 자리는 즉시 청소하라.

◆ 개가 실수했을 때 물리적으로 체벌해서는 절대로 안된다. 벌을 준다면 "안 돼!" 또는 "왜 그랬어?"라는 말로도 충분하다.

◆ 항상 개의 청결을 유지하고 미용에 신경을 써야 한다.

◆ 시간표를 철저하게 지켜야 한다. 초기에 주의를 기울일수록 훈련 프로그램의 성과는 커질 것이다. 개가 7일 후에도 실외 화장실 훈련이나 실내 화장실 훈련을 완전하게 습득하지 못했다면 아직도 주인의 할 일이 많이 남아 있는 것이다. 좀 더 시간을 두고 계획을 지켜나

가자. 만족스럽고 순종적이며 믿음직한 개가 되어 주인
에게 보답할 것이다.

주인이 항상 집에 있고, 하루 3끼 먹는 3~6개월 강아지를 위한 시간표

오전 7:00	기상, 밖으로 나가기
오전 7:10~7:30	부엌에서 자유 시간
오전 7:30	식사와 물
오전 8:00	밖으로 나가기
오전 8:15	부엌에서 자유 시간
오전 8:45	가두기
낮 12시	식사와 물
오후 12:30	밖으로 나가기
오후 12:45	부엌에서 자유 시간
오후 1:15	가두기
오후 5:00	식사와 물
오후 5:30	밖으로 나가기
오후 6:15	가두기
오후 8:00	물
오후 8:15	밖으로 나가기
오후 8:30	부엌에서 자유 시간
오후 9:00	가두기
오후 11:00	밖으로 나가기, 밤새 가두기

주인이 온종일 집을 비우고, 하루 3끼 먹는 3~6개월 강아지를 위한 시간표

오전 7 : 00	기상, 밖으로 나가기
오전 7 : 10~7 : 30	부엌에서 자유 시간
오전 7 : 30	식사와 물
오전 8 : 00	밖으로 나가기, 주인이 하루 종일 밖에 나가 있는 동안 가둬두고 안전한 장난감과 씹을 거리를 주어 개가 심심하지 않도록 한다
오후 6 : 00	밖으로 나가기
오후 6 : 15~6 : 30	부엌에서 자유 시간
오후 6 : 30	식사와 물
오후 7 : 00	밖으로 나가기
오후 7 : 15	가두기
오후 9 : 00	식사와 물
오후 9 : 30	밖으로 나가기
오후 9 : 40	부엌에서 자유 시간
오후 10 : 10	가두기
오후 11 : 00	밖으로 나가기, 밤새 가두기

주인이 항상 집에 있고, 하루 2끼 먹는 6~12개월 강아지를 위한 시간표

오전 7:00	기상, 밖으로 나가기
오전 7:15~8:00	부엌에서 자유 시간
오전 8:00	식사와 물
오전 8:30	밖으로 나가기
오전 8:45	부엌에서 자유 시간
오전 9:30	가두기
오후 12:30	물
오후 12:45	밖으로 나가기
오후 1:00	부엌에서 자유 시간
오후 1:45	가두기
오후 6:00	식사와 물
오후 6:30	밖으로 나가기
오후 6:45	부엌에서 자유 시간
오후 7:30	가두기
오후 11:00	밖으로 나가기, 밤새 가두기

주인이 온종일 집을 비우고, 하루 2끼 먹는 6~12개월 강아지를 위한 시간표

오전 7:00	기상, 밖으로 나가기
오전 7:10~7:30	부엌에서 자유 시간
오전 7:30	식사와 물
오전 8:00	밖으로 나가기, 주인이 하루 종일 밖에 나가 있는 동안 가둬두고 안전한 장난감과 씹을 거리를 주어 개가 심심하지 않도록 한다
오후 6:00	밖으로 나가기
오후 6:15~7:00	부엌에서 자유 시간
오후 7:00	식사와 물
오후 7:30	밖으로 나가기
오후 7:45~8:30	부엌에서 자유 시간
오후 8:30	가두기
오후 11:00	밖으로 나가기, 밤새 가두기

주인이 항상 집에 있고, 하루 1끼 먹는 어른 개를 위한 시간표

오전 7:00	기상, 밖으로 나가기
오전 8:00	식사, 낮 동안 무제한 물 제공
오후 12:30	밖으로 나가기
오후 5:30	식사(개가 앞으로 계속 하루 2끼 먹을 경우)
오후 6:00	밖으로 나가기
오후 11:00	밖으로 나가기, 취침 시간, 밤새 물은 치운다

주인이 온종일 집을 비우고, 하루 1끼 먹는 어른 개를 위한 시간표

오전 7:00	기상, 밖으로 나가기
오전 7:30	식사, 하루 종일 무제한 물 제공
오전 8:00	밖으로 나가기, 하루 종일 주인이 나가 있는 동안 가두기
오후 6:00	밖으로 나가기
오후 7:00	식사(개가 앞으로 계속 하루 2끼를 먹을 경우)
오후 7:45	잠시 산책(개가 하루 2끼를 먹을 경우)
오후 11:00	밖으로 나가기, 취침 시간, 밤새 물은 치운다

셜리 박사의 강아지 화장실 훈련법
애견의 심리를 이용한 7일 완성 프로그램

1판 1쇄 펴낸 날 2017년 4월 20일

지은이 | 셜리 칼스톤
옮긴이 | 편집부
주　간 | 안정희
편　집 | 윤대호, 김리라, 채선희
디자인 | 김수혜, 정경숙
마케팅 | 권태환, 함정윤

펴낸이 | 박윤태
펴낸곳 | 보누스
등　록 | 2001년 8월 17일 제313-2002-179호
주　소 | 서울시 마포구 동교로12안길 31(서교동 481-13)
전　화 | 02-333-3114
팩　스 | 02-3143-3254
E-mail | bonusbook@naver.com

ISBN 978-89-6494-287-1 13490

• 책값은 뒤표지에 있습니다.
• 이 도서의 국립중앙도서관 출판예정도서목록(CIP)은 서지정보유통지원시스템 홈페이지
(http://seoji.nl.go.kr)와 국가자료공동목록시스템(http://www.nl.go.kr/kolisnet)에서 이용하실 수
있습니다.(CIP제어번호: CIP2017008482)